蜡烛的科学

The Chemical History of a Candle

学习化学
一根蜡烛就够了

的

〔英〕迈克尔·法拉第　　〔英〕威廉·克鲁克斯◎著

〔日〕尾岛好美◎改编　　〔日〕白川英树◎审订　　汪　婷◎译　　王笃年◎中文审订

北京科学技术出版社

改编者简介

尾岛好美

日本东京人，筑波大学生命环境科学博士。十多年来一直在筑波大学策划并开办面向喜欢科学的中小学生的科学教育课程。同时还开设亲子科学实验室，传递科学实验可以培养逻辑思维能力的理念。著作有《"可食用"的科学实验精选集》《全家一起做有趣的科学实验》等。

审订人简介

白川英树

日本筑波大学名誉教授，2000年诺贝尔化学奖获得者。1936年生于日本东京。1966年获得东京工业大学博士学位。曾在东京工业大学资源科学研究所担任助教，在美国宾夕法尼亚大学担任博士后研究员，后被日本筑波大学聘为材料科学学院副教授、材料科学学院教授，直至退休。因成功发明了高分子导电材料而在2000年与艾伦·黑格教授、艾伦·马克迪尔米德教授共同获得了诺贝尔化学奖。

Photo by Kazuya Furaku and Others / Illustrations by Satoshi Nakamura
Inside Page Art Work:Yuko Nagase -GOBO DESIGN OFFICE -

序　言

1860 年年底，在英国伦敦的大不列颠皇家研究院的报告厅聚集了许多人。大家都在期待一个人的出现。

那个人就是时年 69 岁的迈克尔·法拉第。法拉第是一位成就斐然的化学家和物理学家。人们这样评价他："如果法拉第所处的年代有诺贝尔奖，那他至少能获得 6 次诺贝尔奖。"

这位伟大的科学家拿着一根蜡烛走上了讲台，然后用轻松愉快的语气开始向听众讲解有关蜡烛的知识。当时，电灯还没有普及，大部分家庭还在使用蜡烛和煤油灯，夜晚的街道也是用有玻璃罩的煤油灯来照明的。

法拉第在讲座中不仅解答了"蜡烛为什么会燃烧？""蜡烛在燃烧过程中产生了什么？"等问题，还带领听众领略了物质（空气、水、金属等）之美，并了解了部分物质的结构。法拉第在讲解的过程中，向听众演示了许多看起来如魔法般神奇但又绝非魔法的趣味实验。听众不断产生疑问，"之后会发生什么呢？""为什么会这样呢？"听众都目不转睛地看着法拉第做实验。

18 世纪后半期至 19 世纪，第一次工业革命轰轰烈烈地进行，蒸汽机逐渐代替了风车和水车。19 世纪初，机器生产使大批工人失业。工人们认为是机器夺走了自己的工作，从而掀起了一场破坏工厂机器的"卢德运动"。

150多年后，日本乃至全球迎来了一个巨大的转折点：一些工作可能因为信息技术的飞速发展而逐渐消失。面对这一趋势，我们的工作方式和教育方式都亟待改变。主动发现问题、思考问题和解决问题成为人们必备的能力。可如何才能掌握这种能力呢？

我（尾岛好美）十多年来一直从事面向中小学生的科普工作。在我接触过的400多位学生当中，能主动发现问题并思考问题的学生最明显的特点就是一直保持着问"为什么？"的习惯。我们在小的时候总会提出许许多多的问题，"为什么天空是蓝色的？""为什么只有夏天才有蝉？"可长大后，我们便不再提这么多问题了。我们需要一个再次提出问题并进行思考的契机。本书便是为了成为这样一个契机而诞生的。

《蜡烛的故事》（原书名：The Chemical History of a Candle）是一本具有历史性意义的著作，它记录了1860—1861年法拉第在大不列颠皇家研究院举办的6场讲座的内容。这本书被引进日本后，立刻成为畅销书。在本书中，为了将法拉第的讲座内容改编得更清晰易懂，我对法拉第的讲座中可以再现的部分实验进行了重点讲解，并配了插图。本书不是法拉第这6场讲座内容的全译本而是编译本（引号里的内容是法拉第讲座中的内容）。

法拉第向听众介绍了一些在家就可以动手做的实验，并建议听众亲自动手做这些实验。当那些已知的现象在眼前出现时，人们仍会感到惊讶，从而促使人们进行思考。我希望这本书不仅可以让大家了解到一些科学知识，还能让大家通过亲自做实验感受到科学的乐趣。科学的大门永远向大家敞开。

尾岛好美

2018 年 11 月

法拉第多次将自己的讲座作为圣诞节
礼物送给孩子们

实验注意事项

　　本书中标记"TRY"的实验是在家中和学校中也可以做的实验，我在这部分内容中详细介绍了实验所需的物品和实验步骤。在做实验的过程中必须注意以下事项。

● 请小心用火，避免烧伤自己或造成火灾。做实验前应确保周围环境安全（例如，确保周围没有易燃物品以及需要点燃的物体不会倾倒等），准备好灭火工具。实验全程确保火源在自己的视线范围内。切勿在充满粉尘的地方以及有挥发性可燃物的环境中做实验。

● 使用生石灰等容易刺激皮肤和眼睛的物质时，切勿直接用手触碰它们，也不要让它们与眼睛接触。

● 切勿让孩子单独做实验。

● 实验可能会因室内的温度和湿度以及使用的材料等原因而失败。思考实验失败的原因也是一种学习方式。

● 没标记"TRY"的实验比较危险，不建议亲自动手做。

　　因利用本书的相关内容而导致的一切后果，改编者、审订人和出版社概不负责。

目　录
CONTENTS

从火焰的光芒中探索科学的真谛

图解知名讲座与实验

法拉第与克鲁克斯

1791 年，法拉第出生在伦敦郊外一个铁匠家庭，他是家里的第三个儿子。由于家境贫困，法拉第小学毕业后就开始在一家装订店里装订图书。工作之余，法拉第看了很多书。在装订一本百科全书的时候，他知道了"电"，并亲自动手做了百科全书里记载的电学实验。从此，法拉第迷上了科学，他在工作的同时不断学习科学知识。

在法拉第 21 岁那年，装订店的顾客送给他一张科学家汉弗里·戴维在大不列颠皇家研究院举办的讲座门票当礼物。法拉第听完这场讲座后深受感动。于是，他整理了汉弗里·戴维的讲座内容，制作了一本 300 页的笔记。法拉第将笔记寄给戴维，并向他表达了自己对科学的追求。之后，法拉第成为戴维的助手，并在电磁学、有机化学等领域接连不断地取得了成就。

科学领域有许多用语是用法拉第的名字命名的，例如"法拉第效应""法拉第常数""法拉"等等。凭借不断的努力、对科学实验超出常人的投入以及对科学的热忱，仅小学学历的法拉第成为科学史上最具影响力的科学家之一。

《蜡烛的故事》是威廉·克鲁克斯（1832—1919 年）将1860—1861 年法拉第的 6 场讲座内容总结后制作并出版的图书。克鲁克斯是一名科学家，他在 1875 年发明了将电信号转变为光学图像的阴极射线管（又称克鲁克斯管）。之后，约瑟夫·约翰·汤姆孙用阴极射线管做实验发现了带负电的粒子——电子。

下面的文字摘自28岁的克鲁克斯在1861年为《蜡烛的故事》一书撰写的序言。文中洋溢着克鲁克斯在听完法拉第的讲座后对科学产生的难以抑制的热情，或许正是这股热情让克鲁克斯在同年发现了铊。

以前，人们用最原始的火把照明。现在，人们用石蜡制成的蜡烛照明。

从燃烧陶器中的黏稠液体到使用蜡烛、煤油灯、煤气灯……人们通过各种方法利用火来获得光明。

历史上有许多人都思考过为什么燃烧会产生火焰。正因为有这些人的思考，我们才慢慢积累了与燃烧有关的知识，并最终解开了火焰的谜团。

我相信，本书的读者中一定有将来可以为科学做出贡献的人。科学的火焰一定要熊熊燃烧。燃烧吧，火焰！

第一讲

蜡烛为什么会燃烧？

A CANDLE : THE FLAME — ITS SOURCES —
STRUCTURE — MOBILITY — BRIGHTNESS

法拉第站在讲台上，听众的目光全都聚焦在他身上。

"感谢大家莅临会场（图 1.1 和图 1.2）。在接下来的几场讲座中，我将为大家讲解'蜡烛的科学'。这个主题我曾在 1848 年的圣诞讲座中讲过，如果可以，我希望在每年的圣诞讲座中都讲这个主题。

"'蜡烛的科学'这个主题非常好，也非常有趣，我们能从'蜡烛的科学'中学到许多科学领域的知识。蜡烛燃烧的现象几乎涉及所有自然法则和规律。通过了解蜡烛，我们可以学习自然科学知识。虽然我选择了与之前讲座相同的主题，但我相信，接下来

图 1.1　图为 1838 年前后的大不列颠皇家研究院。大不列颠皇家研究院成立于 1799 年。法拉第曾长年生活在这里，他醉心于研究，并在此举办讲座
绘者：托马斯·霍斯默·谢泼德

我要讲的内容绝对不会令大家失望。

"关于这几场讲座，我必须事先告知大家一些事。我会以认真、严谨和科学的态度对待'蜡烛的科学'这一主题。我将默认听讲座的都是青少年，我在这里演讲时向来如此，这次也将一如既往。虽然这是公开的讲座，但我还是想在轻松愉快的氛围中与大家进行科学对话。"

法拉第是英国当时著名的科学家，听他讲座的不乏位高权重之人和知名的科学家，但是法拉第总是温柔地与那些心中充满期待的青少年对话，问他们："究竟会出现什么现象呢？"

图 1.2　图为现在的大不列颠皇家研究院内部的报告厅。大不列颠皇家研究院内还有于 1973 年设立的法拉第博物馆，馆内展出了法拉第研究电磁感应现象时使用的实验装置
摄影：AnaConv Trans

蜡烛是用什么制成的?

　　法拉第拿起一块小木片，说道："首先我要向各位介绍蜡烛是用什么制成的。我手中的这块小木片取自爱尔兰沼泽地里生长的蜡烛树。这种木材非常结实，常被用来制作受力部件。它在燃烧时能像蜡烛一样发出明亮的光，因此常被当地人用来制作火把。这块小小的木片能完美地展现蜡烛的化学性质，即只要缓慢且有规律地为燃料提供空气，使燃料发生化学反应，燃料就会产生光和热。这块小小的木片简直就是天然的蜡烛。接下来，我将为各位讲一讲商店里出售的蜡烛。"

　　说着，法拉第拿出一根用浸渍法制成的小蜡烛（图 1.3），即将棉线浸入熔化的牛油，然后提出来冷却，多次重复这两个步骤制成的蜡烛。（图 1.4 和图 1.5）

　　过去，矿工们都是自己动手使用浸渍法制作这种小蜡烛的。因为他们认为小蜡烛引起火灾的可能性比大蜡烛小，另外，小蜡烛更经济实惠，1 磅（约 454 克）牛油可以制成 20 ～ 60 根小蜡烛。然而，当矿井内充满爆炸性气体或粉末状煤炭（煤尘）时，无论多么微小的火苗都能引发爆炸。再小的蜡烛也无法防止爆炸的发生。因此，从 19 世纪初，矿工们改用"戴维灯"，即一种用网眼很小的金属网罩住蜡烛或代替煤油灯玻璃罩的安全矿灯。

图 1.3　图为以牛油为原料使用浸渍法制作的蜡烛。这种蜡烛在高温环境中会变软，变软后不易使用。只要有原料，这种蜡烛是很容易制成的，但这种蜡烛也有一些不便之处

图 1.4 图为用浸渍法制作蜡烛的工艺步骤。隔水加热使容器内的牛油熔化。将棉线浸在牛油中，提出棉线冷却，然后再次将棉线浸在牛油中，重复该步骤直至蜡烛逐渐变粗

图 1.5 图为传统制作圣诞蜡烛的方式。过去，在制作大量蜡烛的时候，人们会像图片中那样反复把熔化的牛油浇在悬挂着的线上

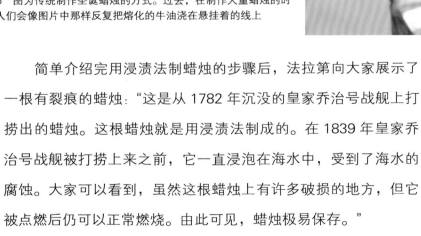

简单介绍完用浸渍法制蜡烛的步骤后，法拉第向大家展示了一根有裂痕的蜡烛："这是从 1782 年沉没的皇家乔治号战舰上打捞出的蜡烛。这根蜡烛就是用浸渍法制成的。在 1839 年皇家乔治号战舰被打捞上来之前，它一直浸泡在海水中，受到了海水的腐蚀。大家可以看到，虽然这根蜡烛上有许多破损的地方，但它被点燃后仍可以正常燃烧。由此可见，蜡烛极易保存。"

用牛油制成的蜡烛摸起来黏糊糊的，燃烧后还会有残留物。后来，法国化学家谢弗勒尔和盖－吕萨克从油脂中提取出硬脂酸，

用硬脂酸制成的蜡烛不像用动物脂肪制作的蜡烛那样黏糊糊的，这种蜡烛燃烧后滴下来的蜡液很容易清理干净。在法拉第所处的年代，这种用硬脂酸制成的蜡烛是人们主要的日常照明工具。

随后，法拉第又介绍了一些其他种类的蜡烛，比如用模制法（图1.6）制成的蜡烛、用合成染料染色的蜡烛等。除此之外，法拉第还提到了一种日式蜡烛。虽然不同种类的蜡烛的制作原料和制作工艺不同，但所有蜡烛无一例外都是由蜡与烛芯两部分组成的。

图 1.6 这两张图收录在 18 世纪后半叶出版的由法国著名学者狄德罗和达朗贝尔等编纂的法国《百科全书》中，该书被收藏在大阪府立中央图书馆。上图为用模制法制作蜡烛的场景。右图为制作蜡烛的模具

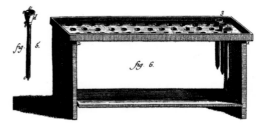

那油灯又是如何制成的呢？

"油灯以煤油为燃料。在容器中放一些液态的煤油，然后将棉线制成的灯芯浸在煤油中，未浸入煤油的灯芯一端被点燃后，开始燃烧。（图 1.7）灯芯越烧越短，火焰顺着灯芯也越来越靠近煤油表面，火焰一旦接触煤油便会熄灭。火焰一直在煤油表面之上燃烧，煤油本身不燃烧。（图 1.8）大家一定会问'为什么煤油本身不会燃烧，但是灯芯会燃烧呢？'"

这个现象的确不可思议。法拉第总是向听众抛出有趣的问题。

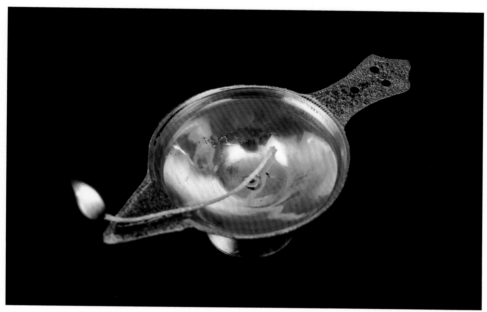

图 1.7　未浸入煤油的灯芯一端被点燃后，开始燃烧，当灯芯燃烧至浸入煤油的部分时，火焰熄灭

图 1.8　将一根棉线浸入煤油，点燃棉线未浸入煤油的一端，棉线会像油灯的灯芯一样燃烧，火焰始终与煤油表面保持一定距离，不会蔓延至煤油表面

　　法拉第在蜡烛旁放了一个风挡，确保风吹不到蜡烛，然后点燃蜡烛。蜡烛静静地燃烧着。过了一段时间，蜡烛顶部形成了一个茶碗或杯子状的凹槽。

　　"大家可以看到，蜡烛顶部形成了一个美丽的凹槽。"

　　为什么会形成一个凹槽（图 1.9）呢？

　　蜡烛燃烧使周围空气变热。热空气的密度比冷空气的小，因此空气变热后会上升。热空气上升后，它原本的位置就会被新的冷空气占据，新的冷空气变热后也会上升。于是，蜡烛周围产生了流动的空气（即气流）。冷空气会降低蜡的温度，靠近火焰的蜡熔化后变成了液态蜡，而远离火焰的蜡仍呈固态，于是，盛满

图 1.9　蜡烛周围产生的气流使蜡烛顶部形成凹槽。熔化后的液态蜡积聚在凹槽里

液态蜡的美丽的凹槽就形成了。不过，法拉第的讲解并未就此结束。

"如果有风轻轻吹向燃烧的蜡烛，蜡烛的火焰就会倾斜，使凹槽边缘的固态蜡熔化，这样凹槽内的液态蜡便会流下来。"如此一来，液态蜡凝固的地方就会变厚，不容易熔化了。（图1.10）于是，蜡烛顶部就不再是一个完美的凹槽了，蜡烛周围空气的流动也不再规律，这直接导致蜡烛的不完全燃烧。

"有的蜡烛色彩很美丽，有的蜡烛装饰很漂亮。这些蜡烛的外观都很好看。但是，为了美观而制成的形状不规则的蜡烛在燃烧时无法形成完美的凹槽，蜡烛周围也无法产生有规律的气流，蜡烛会不完全燃烧。实际上，能够帮助我们的往往不是有美丽外观的物品，而是能发挥实际作用的物品。

图1.10 火焰受到风的影响开始晃动。火焰碰到凹槽的边缘，使凹槽边缘的固态蜡熔化，凹槽内的液态蜡流了下来

"那些经过精心设计、外观非常美丽的蜡烛在燃烧时无法形成完美的凹槽，从而导致燃烧得不完全。在我看来这些蜡烛都是失败之作。"接下来，法拉第为大家讲述了失败的意义。

"但是，失败很重要。失败让我们知道了那些只有经历过失败才能明白的事情。当我们得到了一个结果时，尤其当这个结果是一个新的现象时，我们一定要思考产生这个结果的原因是什么以及为什么会出现这个结果。只有提出疑问、坚持思考、探究原因，我们才能成为真正的科学家。

"关于蜡烛，还有一个必须要解决的问题，那就是液态蜡是如何从凹槽中顺着烛芯上升到蜡烛燃烧的部分的。蜡烛的火焰会沿着烛芯一直燃烧到最后。火焰不会蔓延到固态蜡上，也不会碰到凹槽中的液态蜡。"

法拉第说："直到蜡烛燃烧的最后，蜡烛的各个部分仍在相互配合。"

仔细观察燃烧中的蜡烛。蜡烛的火焰一直在稍稍远离蜡的地方燃烧。（图1.11）固态蜡因燃烧产生的热而逐渐熔化，变成液态蜡。

"液态蜡是如何上升到蜡烛燃烧的部分的呢？通过毛细现象。"

为了向大家解释毛细现象，法拉第用食盐做了一个实验。（见实验一）

"我们假设蓝色液体是液态蜡，食盐柱是烛芯。看，蓝色液体顺着食盐柱上升了。"

　　毛细现象指液体在细管中上升或下降的现象。用纸巾沾杯子中的水，水会顺着纸巾上升，这就是毛细现象。（图 1.12）可是为什么会发生这样的现象呢？

　　法拉第又举了一个水顺着物体内部间隙（即细管）移动的例子。"擦干手后，把毛巾随手搭在盛满水的洗手池边上，水会顺着毛巾流到洗手池外面。这是因为毛巾对水施加了毛细力，这股力使水顺着毛巾内部间隙缓缓移动。蜡烛能持续燃烧，也基于同样的原理，即棉线对液态蜡施加了毛细力，毛细力使液态蜡顺着棉线内部间隙上升，使蜡烛持续地燃烧。"

图 1.11　火焰始终与蜡保持一定距离，不会蔓延到凹槽中的液态蜡上

图 1.12　将纸巾的一端放进加了蓝色食用色素的水中，水会顺着纸巾上升。这是因为水能顺着纸巾内部间隙缓缓移动

‖TRY 1‖ 实验一 克服重力上升的液体

在这个实验中，我们将借助食盐和加了食用色素的食盐水来观察毛细现象。大家可以参考法拉第的实验方法。

◆ **实验用品**

食盐、热水、食用色素、盘子、秤、量杯

◆ **实验步骤**

1. 用 100 毫升热水溶解 40 克食盐。（充分搅拌后，溶液中仍有少量没有溶解的食盐不会影响实验结果。）将食盐水静置，并冷却至室温。

2. 向食盐水中加食用色素（微量），给食盐水上色。

3. 将一些食盐放在盘子里，尽可能将食盐堆高、压实，使之形成一个食盐柱。

4. 将加了食用色素的食盐水缓缓倒在盘中。在倒食盐水时，不要将食盐水倒在食盐柱上。（图 1.13a 和图 1.13b）

图 1.13a

图 1.13b

从固态到液态再到气态

　　将正在燃烧的蜡烛倒过来，液态蜡会迅速流到烛芯顶端，火焰随之熄灭。为什么作为燃料的蜡会使火焰熄灭呢？

　　法拉第这样说："除了固态和液态之外，蜡还有另一种状态，那就是气态，我们只有知道这一点，才能充分理解蜡烛燃烧的原理。"

　　固态或液态的蜡是无法直接燃烧的。我们一起回顾一下蜡烛燃烧的过程。

　　固态蜡被火焰熔化后变成了液态蜡。液态蜡因毛细现象而顺着烛芯上升至靠近火焰的位置，经过充分加热变成了气态蜡并开始燃烧。将蜡烛倒过来后，液态蜡因为没有足够的热量而无法变成气态蜡，因此蜡烛无法继续燃烧了。

　　为了让听众看见气态蜡，法拉第做了一个实验。

　　"我们都知道，在吹灭蜡烛的时候，我们有时会看到一股上升的蒸气。蜡烛熄灭时产生的难闻气味就来自这股蒸气，这股蒸气就是气态蜡。我们如果在吹灭蜡烛时使用一点儿技巧，就可以看见气态蜡。现在，我尝试缓缓地、轻轻地吹一口气，把蜡烛吹灭。"

　　法拉第在不扰乱蜡烛周围气流的情况下吹灭了蜡烛，接着他马上拿起一根燃烧着的小蜡烛，让小蜡烛的火焰在熄灭的蜡烛正上方 5 ~ 7 厘米的位置，熄灭的蜡烛瞬间重新燃烧了起来。火焰从一根蜡烛传到了另一根蜡烛上。（见实验二）

▶ 物质的三种基本物理状态

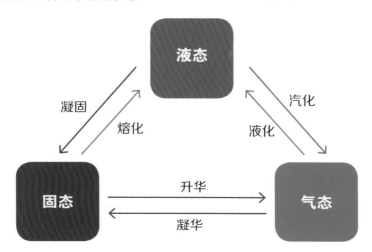

＊物质由固态不经液态直接变成气态
的过程叫做升华。反之，物质由气
态直接变成固态的过程叫作凝华。

▶ 蜡烛燃烧的过程

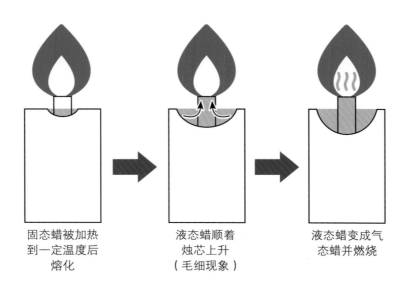

固态蜡被加热
到一定温度后
熔化

液态蜡顺着
烛芯上升
（毛细现象）

液态蜡变成气
态蜡并燃烧

‖TRY2‖ 实验二 火焰的传导

我们一起来验证气态蜡是否可以燃烧。吹灭大蜡烛后，立刻将点燃的小蜡烛的火焰放在大蜡烛上方，此时我们会看到图 1.14b ~ 1.14d 中的现象。

◆ **实验用品（图 1.14a）**

大蜡烛、小蜡烛、打火机、烛台

图 1.14a

◆ **实验步骤**

1. 点燃大蜡烛。

2. 点燃小蜡烛。

3. 轻轻吹灭大蜡烛。

4. 迅速拿起小蜡烛，让小蜡烛的火焰在大蜡烛正上方 5 ~ 7 厘米的位置。

（图 1.14b ~ 1.14d）

* 太用力吹灭大蜡烛会将气态蜡吹走，因此需要轻轻吹灭大蜡烛。

* 要在气态蜡（即蒸气）还没有消失时迅速将小蜡烛放在指定的位置。

图 1.14b

图 1.14c

图 1.14d

火光之美

　　法拉第再次点燃蜡烛，说："金银制品闪闪发光，红宝石、钻石也拥有美丽的光芒，可这些物品都不能像火焰那样发出耀眼的光。哪颗钻石能像火焰一样光辉闪耀呢？钻石能在黑暗中散发光芒，这完全是火焰的功劳。在黑暗之中，火焰自身就能发出耀眼的光芒，而钻石如果没有火焰的照射就失去了光芒。蜡烛凭借自己的力量发光发亮，它不仅照亮了自己，还照亮了制作蜡烛的人。"

　　我们来看看蜡烛火焰的形状。火焰越往上越窄。我们再仔细观察火焰的颜色和光芒。火焰在烛芯周围较暗，越往上越明亮。（图 1.15）

　　法拉第向听众展示了一张手绘的火焰图（图 1.16），然后继续讲解。

图 1.15　蜡烛的火焰越往上越窄。火焰在烛芯周围较暗，越往上越明亮

图 1.16　空气遇热后上升的样子

"这幅图画出了蜡烛燃烧时我们肉眼看不到的情形，即火焰周围的空气正在上升。空气上升将蜡烛的火焰拉长。将蜡烛点燃后放在向阳处，借助影子，我们可以看到蜡烛周围流动的空气。"法拉第用一块幕布和一盏电灯来使听众更清楚地观察蜡烛的影子。蜡烛的火焰能发出耀眼的光芒，那它的影子会是什么样的呢？

"不可思议的是，火焰影子最暗的部分却是火焰最亮的部分。（图1.17）大家还可以观察到，正如那幅火焰图所描绘的那样，火焰周围的空气在上升。上升的空气拽着火焰使火焰的形状变得狭长，为蜡烛的持续燃烧提供新鲜的空气，并冷却蜡烛顶部边缘的固态蜡，避免其熔化，于是，一个美丽的凹槽就形成了。"

空气遇热上升，同时向上拉拽火焰。但是，为什么火焰明亮部分的影子反而比较暗呢？法拉第在这场讲座中并未阐明。这个现象及其原理会在下一场讲座中阐明。

图1.17　火焰明亮部分的影子反而比较暗，这是因为火焰中存在某种物质，这种物质挡住了光线

第一场讲座进行了一大半了。

"用一个大棉球吸满酒精。棉球相当于烛芯，酒精就相当于蜡。棉球被点燃后，其燃烧方式与蜡烛的燃烧方式大不相同。"

整个棉球上升起了许多火舌。棉球燃烧时，其周围空气的流动是不规律的，产生的火舌也不止一个。（图 1.18）因此，棉球燃烧的方式较蜡烛的更有活力。

图 1.18　用棉球吸满酒精，点燃棉球。棉球上升起了各种形状的火舌。火舌都向上伸展，这些火舌不同于蜡烛的火焰，没有固定的形状，每时每刻都在变化

"大家可以看到,棉球的燃烧方式与蜡烛的燃烧方式不一样。接下来,我们再做一个实验。在座的各位应该有人玩过'火中取物'吧。"

在法拉第所处的年代,人们会玩一种从火中取出果干儿的游戏,用这个游戏来测试游戏参与者的胆量。这是一个很危险的游戏。法拉第把白兰地浇在葡萄干上并点燃葡萄干。(见实验三)

"将事先加热好的葡萄干放在充分加热过的盘子里,倒入白兰地[1]。葡萄干相当于烛芯,白兰地相当于燃料。点燃葡萄干后,我们可以看到美丽的火舌。空气从盘子边缘进到盘子里后形成了这样的火舌。

"为什么会形成这样的火舌呢?这是由于虽然火舌也使空气变热上升,但空气的流动是不规律的。火舌不止一个,每一个火舌都在燃烧。这和许多根蜡烛一起燃烧是一样的。"

法拉第告诉大家,因为每个火舌的燃烧方式不同,当不同形状的火舌一起燃烧时,它们看起来就像一团巨大的火焰。法拉第还向大家展示了一幅棉球燃烧时火舌呈现不同形状的图画(图 1.19)。

图 1.19 法拉第展示了一幅棉球燃烧时火舌呈现不同形状的图画。一团火焰由许多小火舌组成,火舌形状各异,时刻在变化,火焰看起来充满活力

---

1 白兰地是一种酒精浓度较高的果酒。——编者注

‖TRY3‖ 实验三 美丽的火舌

白兰地燃烧时会产生蓝色的火焰。火焰看起来很漂亮，但是大家在一旁观察就好，一定要等火焰完全熄灭之后再去拿葡萄干，否则会被烧伤。

◆ **实验用品（图 1.20a）**
葡萄干、热水、白兰地、打火机、耐火耐高温的盘子

图 1.20a

◆ **实验步骤**

1. 将 5 ~ 6 颗葡萄干放在盘子上，将热水倒在盘子中，加热葡萄干和盘子。

2. 倒掉盘子中的热水，倒入白兰地，使白兰地刚好没过葡萄干。

3. 用打火机点燃葡萄干。（图 1.20b）

*要将盘子和葡萄干一起加热。
*如果盘子和葡萄干太凉，白兰地中的酒精就难以汽化，无法被点燃。

法拉第熄灭了火焰，听众的视线重新聚集到法拉第身上。

"很遗憾，今天的讲座只能到此为止了。无论如何，我都不能到了约定的结束时间还继续把大家留在这里听我讲解。从下一场讲座开始，我会多花些时间为大家讲解科学知识。"

法拉第认为超过一个小时，听众便无法继续集中注意力听讲了。因此，法拉第每场讲座的时长刚好都是一个小时。对普通听众而言，在讲座过程中除了要用耳朵去听，还要用眼睛去观察，只有这样，他们才会觉得这样的演讲内容很有趣，也容易理解。可事实上，接连不断地做各种实验并在约定的时间结束演讲是件非常困难的事情。法拉第为了能流畅地讲解，花费了大量时间做准备工作。

在第一场讲座中，法拉第向听众解释了蜡烛在燃烧时，蜡作为燃料使火焰在烛芯上燃烧。火焰产生的热使固态蜡熔化，变成液态蜡，液态蜡顺着烛芯上升并变成气态蜡后才能燃烧。

但还有一些现象法拉第故意没有解释：为什么蜡烛火焰的内层与外层颜色不一样？为什么火焰中看起来明亮的部分形成的影子却较暗？

第一场讲座在还留有若干疑问的情况下结束了。

▶ 通过第一讲学到的蜡烛燃烧过程

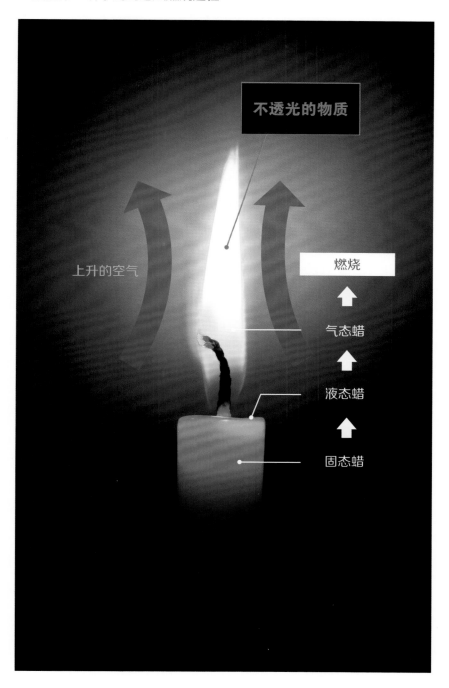

不透光的物质

上升的空气

燃烧

气态蜡

液态蜡

固态蜡

关于蜡烛

蜡烛早在古埃及时期就已经出现了。在欧洲，直到 19 世纪人们还在使用蜡烛照明。然而，在现代，我们非常幸运地可以使用明亮又方便且不易引起火灾的电灯。提到蜡烛，想必大部分读者想到的都是生日蜡烛或香薰蜡烛吧。

大家如果有机会看到正在燃烧的蜡烛，可以仔细观察一下蜡烛的火焰。古今中外的蜡烛各式各样，但蜡烛火焰的形状都很相似。（图 1.21）火焰随变热上升的空气而向上延伸。

有的商店会出售旋转烛台（图 1.22）。点燃蜡烛后，蜡烛燃烧产生的气流会推动烛台上的金属装饰片缓缓旋转。

图 1.21 蜡烛的形状、颜色以及尺寸虽然各有不同，但它们的火焰的形状基本一致。每根蜡烛的火焰都有明亮的部分与较暗的部分

图 1.22 旋转烛台

蜡烛为什么会发光？

A CANDLE : BRIGHTNESS OF THE FLAME — AIR NECESSARY
FOR COMBUSTION — PRODUCTION OF WATER

蜡去哪儿了?

法拉第在第二场讲座刚开始时说道："在上一场讲座中，我为各位讲解了液态蜡是如何上升到燃烧的地方等内容。今天，我想给大家讲一讲火焰的各个部分产生了怎样的现象、现象产生的原因以及蜡最后去了哪里。"

蜡燃烧完便消失了。蜡究竟去哪儿了？法拉第借助一根弯曲的玻璃管进行了解释。

"请各位先仔细观察一下蜡烛的火焰。蜡烛火焰的中心比较暗。我们如果把一根弯曲的玻璃管的一端插在这个位置上，就会看到有什么东西从玻璃管的另一端冒了出来。我们把从玻璃管另一端冒出来的物质收集在锥形瓶中，这种物质缓缓下沉并聚集在了锥形瓶底部。

"这是气态蜡。大家在吹灭蜡烛时闻到的臭味便是它的气味。蜡烛燃烧实际上是气态蜡在燃烧。"

气态蜡通过玻璃管聚集在锥形瓶底部。（图2.1）由此可知，蜡烛的火焰中有气态蜡。

接着，法拉第将固态蜡放入锥形瓶并加热。固态蜡变成了液态蜡，并有气体升起。接着，用火点燃从锥形瓶中冒出来的气体。我们发现，气体像蜡烛一样燃烧了起来。由此可知，固态蜡遇热会变成气态蜡，气态蜡可以燃烧。

图 2.1 将玻璃管插在蜡烛火焰的中心,有白色气体从玻璃管的另一端冒了出来,并聚集在锥形瓶底部。白色气体便是气态蜡

导出蜡烛

随后，法拉第拿出另一根弯曲的玻璃管。这根玻璃管的形状与之前的那根不太一样。

"我们将这根玻璃管的一端插进火焰，然后用明火靠近玻璃管的另一端。看，点燃了！（图2.2）这难道不是一个精彩的实验吗？我们常说'导出煤气'，而现在我们正在'导出蜡烛'！"

现在，我们知道了蜡烛的火焰有两个作用：一个是使液态蜡变成气态蜡，另一个是燃烧气态蜡。这两个作用都发生在蜡烛火焰的特定位置。

我们将玻璃管的一端插在蜡烛火焰的中心，能导出气态蜡。但是，我们如果将玻璃管移动到火焰的外层，导出的气体便无法被点燃了。对此，法拉第解释道："在火焰的外层，气态蜡已经燃烧完了，剩下的都是无法燃烧的物质。

"产生气态蜡的地方仅限于火焰中心，即烛芯的周围。在火焰的外层，气态蜡与空气发生了激烈的化学反应，气态蜡不断被消耗掉。"

我们只有将玻璃管的一端靠近烛芯，才能从蜡烛的火焰中导出气态蜡。在火焰的外层没有气态蜡。

"接下来，我们来研究蜡烛火焰的热量分布吧。"

法拉第将一张厚纸片平放，从蜡烛的上方向下贴近蜡烛的火焰。厚纸片上瞬间出现了一个黑色的圆环。

图 2.2　将玻璃管的一端插在火焰的中心，气态蜡从玻璃管的另一端冒了出来，点燃气态蜡后，气态蜡持续燃烧

"这个黑色圆环对应的火焰部分就是我前面提到的发生了化学反应的地方，这也是产生热的地方。正如大家所见，这个黑色圆环并非对应火焰的中心。"

法拉第告诉听众，这个实验在家就可以做。

"请大家再准备一张纸条。将纸条竖立起来，穿过蜡烛火焰的中心，然后迅速抽出来。你们会发现，纸条上有两处燃烧的痕迹，痕迹之间的部分并没有燃烧。"（见实验四）

‖ TRY4 ‖ 实验四 火焰的热量分布

我们可以利用厚纸片和纸条观察火焰的热量分布。由于法拉第在讲座中使用的纸条容易燃烧产生火焰从而导致实验失败，所以在这里为大家介绍用一次性筷子代替纸条的实验方法。

◆ **实验用品（图 2.3a）**
蜡烛、厚纸片、一次性筷子、打火机、烛台

* 应使用有一定厚度的纸（如制作名片的纸）。纸如果太薄，就会立刻燃烧产生火焰。

图 2.3a

◆ **实验步骤**

1. 用打火机点燃蜡烛。将蜡烛置于烛台上,放在无风的地方,让蜡烛静静燃烧。

2. 将厚纸片平放,从蜡烛的上方贴近蜡烛的火焰,然后迅速将厚纸片拿开。(图 2.3b 和图 2.3c)

3. 将一次性筷子穿过火焰中心,然后迅速将筷子抽离。(图 2.3d 和图 2.3e)

*厚纸片和一次性筷子瞬间就变黑了,如果与蜡烛的火焰接触的时间过长就会开始燃烧。

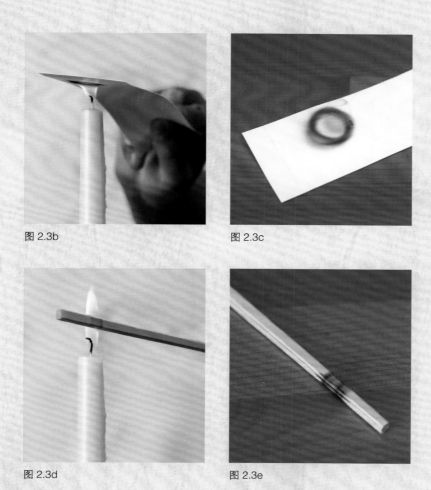

图 2.3b

图 2.3c

图 2.3d

图 2.3e

燃烧需要新鲜空气

通过前面的实验可知,蜡烛燃烧时发生化学反应并产生热量的地方不是火焰的中心,而是火焰的外层,也就是火焰与空气接触的部分。

"从科学的角度思考蜡烛的燃烧,从而了解蜡烛火焰的热量分布十分重要。空气对蜡烛燃烧是必要的,但并非所有的空气都支持燃烧,只有新鲜的空气才可以。这一点大家一定要知道,否则我们的推论与实验便不准确了。"法拉第边说边拿出一个广口瓶。

"这里有一个装满空气的广口瓶。用广口瓶罩住燃烧着的蜡烛。一开始,蜡烛继续燃烧(图2.4)。过了一会儿,蜡烛的火焰逐渐发生了一些变化。大家请看,橙色的火焰由下而上逐渐消

图2.4 用广口瓶盖住燃烧着的蜡烛,起初,蜡烛仍像之前那样燃烧

失，最终火焰熄灭了（图2.5）。"

蜡烛的火焰为什么会熄灭呢？虽然看上去瓶子里还有空气，但是瓶中一部分空气发生了变化，支持蜡烛燃烧的新鲜空气不够了。

如果新鲜空气不充足，蜡烛点燃后会发生什么呢？法拉第用吸满松节油[2]的棉球为大家进行了演示。

"我们需要更大的火焰，接下来我将制造一团更大的火焰。棉球相当于一个非常大的烛芯，我们点燃它。因此这个烛芯非常大，所以燃烧时需要大量新鲜空气。假如新鲜空气不充足，就会出现不充分燃烧的情况。

图2.5　过了一会儿，蜡烛的火焰逐渐变小，广口瓶内壁开始起雾。蜡烛的火焰越来越小，最后熄灭了

2 松节油是一种易燃的液体。——编者注

"大家请看！有黑色物质升起了。（图 2.6）棉球的外侧可以接触到充足的新鲜空气，而内侧接触不到充足的新鲜空气。如果新鲜空气不充足，就会出现不充分燃烧的情况，火焰便会冒黑烟。"

实验四中厚纸片上的黑色圆环就是黑烟，它的主要成分是碳。

"蜡烛的燃烧伴随着火焰的产生。可是，燃烧总会产生火焰吗？燃烧可以不产生火焰吗？让我们来做下一个实验吧。对青少年朋友而言，清晰明了的实验结果是对问题最好的解答。"

图 2.6　点燃浸泡在松节油中的棉球后，有黑色物质升起了。这是因为空气无法进到棉球里面，松节油出现了不充分燃烧的情况

有火焰的燃烧与没有火焰的燃烧

法拉第准备了火药与铁粉。

"各位都知道,火药的燃烧伴随着火焰的产生。火药由木炭和其他多种物质混合而成,这种混合物燃烧时会产生火焰。现在,这里有一些铁粉,把它与火药混合在一起并点燃,会发生什么现象呢?"

这是一个非常危险的实验。法拉第再三叮嘱听众:"大家切勿模仿。虽然只要非常谨慎地操作就不会出问题,但操作稍有不慎便会酿成大祸。

"在这个容器中放一点火药,再放一些铁粉,将它们混合在一起。我打算通过火药的燃烧点燃铁粉。火药燃烧时有火焰,而铁粉燃烧时没有火焰。在我点燃混合物之后,请大家仔细观察二者燃烧时的差异。"说着,法拉第点燃了火药与铁粉的混合物。

火药是一种因热量或撞击等因素就能发生剧烈化学反应的物质。法拉第使用的是黑火药,黑火药中有 60% ~ 80% 的硝酸钾、10% ~ 20% 的硫黄和 10% ~ 20% 的木炭(即碳)。黑火药被点燃后,硝酸钾、硫黄和木炭立刻就发生了反应,产生大量二氧化碳、氮气和热量。黑火药在密闭容器中燃烧时,密闭容器会因内部气体体积急剧膨胀而爆炸。在非密闭的环境中,黑火药会剧烈燃烧,发出耀眼的光芒。

铁块不容易燃烧，但铁粉与空气接触的面积较大，因此比较容易燃烧。将铁粉与火药混合在一起后点燃，火药燃烧产生火焰，火焰产生的热量令铁粉燃烧。（图2.7）

"火药燃烧产生火焰，而铁粉燃烧只会产生飞溅的火星。大家都看到了吧？相信各位也明白了，在这个实验中，铁粉虽然可以燃烧，但不会产生火焰。我们平时之所以使用油灯、煤气灯以及蜡烛来照明，就是因为煤油、煤气和蜡烛燃烧时都能产生火焰。"

之所以烟花有缤纷的色彩，是因为烟花中除了有火药，还有金属粉末。（图2.8）金属燃烧（或被灼烧）时会产生不同颜色的火焰，例如锶产生洋红色的火焰，钡产生黄绿色的火焰，铜产生绿色的火焰。（图2.9）

图2.7　用棉花代替火药，加入铁粉后点燃棉花。铁粉燃烧时没有产生火焰，产生了飞溅的火星

图 2.8　烟花就是在火药中添加金属粉末制成的，点燃后可以发出五颜六色的光芒

图 2.9　锶燃烧时，火焰呈洋红色；铜燃烧时，火焰呈绿色。烟花便是因为"焰色反应"而发出不同颜色的光

‖ TRY5 ‖ 实验五 铁的燃烧

在距离"蜡烛的科学"讲座大约半个世纪后，出现了一种名为钢丝棉的物质。它是用非常细的铁丝制成的。钢丝棉拆散后很容易燃烧，大家可以用它来验证铁燃烧是否产生火焰。

◆ 实验用品（图 2.10a）

钢丝棉、打火机、耐高温和明火的容器

◆ 实验步骤

1.拆散钢丝棉。

2.点燃钢丝棉。（图 2.10b）

图 2.10a　钢丝棉

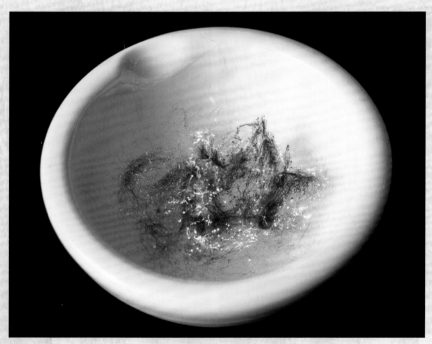

图 2.10b

燃烧时产生火焰的粉末

"通过肉眼辨别燃烧的形式需要极其敏锐且细致的观察力。下面我给大家展示一个例子,这是一种非常易燃的粉末。"法拉第边说边向大家展示了一种蕨类植物的孢子——石松子(图2.11)。石松子是一种淡黄色的粉末,点燃后会产生火焰,并伴随劈里啪啦的声音。

"正如各位所见,这些就是石松子。每一粒石松子遇热后都会汽化,产生火焰。但实际上,你看到的是许许多多的石松子燃烧形成的一团火焰。大家听到劈里啪啦的声音了吗?这种声音证明石松子的燃烧既不连续也没有规律。"

图 2.11 石松子是石松的孢子。由于石松子的颗粒非常小,它在现代农业领域常被用作花粉增量剂,同时它还是制作手持烟花的原材料

石松子无法直接被点燃，只有悬浮在空中并达到一定浓度时，才能被点燃。我们身边常见的粉末，如小麦粉、玉米粉，甚至绵白糖，都能发生同样的现象。另外，煤矿中悬浮的煤尘也会发生同样的现象。粉末的体积虽小，但相对表面积非常大。粉末悬浮在空中与氧气充分接触，一旦遇到明火便能瞬间燃烧发生爆炸。1963 年在日本三井三池发生的三川煤矿事故就是由煤尘爆炸引起的，该事故导致 458 人死亡。

法拉第继续讲道："我们回到最初的主题。刚才我把玻璃管一端插在了蜡烛火焰的中心，气态蜡从玻璃管另一端冒了出来。现在，我们将玻璃管一端插在火焰最明亮的地方，此时，有黑色物质从玻璃管另一端冒了出来。将一根点燃的蜡烛靠近黑色物质，黑色物质不仅无法被点燃，还将蜡烛的火焰熄灭了。"（图 2.12 和图 2.13）

黑色物质究竟是什么呢？"这是蜡中的碳。那么它是如何从蜡里出来的呢？如果我告诉各位，伦敦的空中就充斥着这种物质，这种物质给予火焰生命和美丽的光芒，它能像铁粉一样燃烧、发光，各位是否相信呢？

"铁粉在燃烧时会发出非常明亮的光。一些物质在燃烧时不会汽化，而会以颗粒的状态燃烧，发出强烈的光。蜡烛在燃烧时，有碳颗粒在燃烧，因此蜡烛的火焰十分明亮。"由此可知，蜡烛的火焰能发出明亮的光是因为蜡不完全燃烧产生了碳颗粒。

在法拉第所处的年代，有一种比蜡烛火焰更加明亮的光源——石灰光。它是一种使用氢气、氧气和生石灰得到的明亮的白光，在当时常被用来给舞台照明。

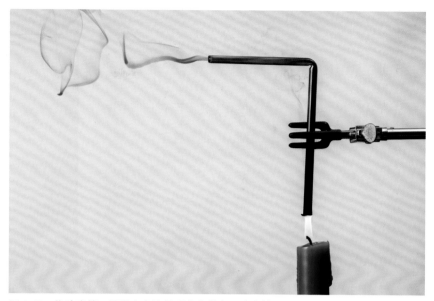

图 2.12　将玻璃管一端插在火焰最明亮的地方，玻璃管内部迅速变黑，有黑色物质从玻璃管另一端冒出来

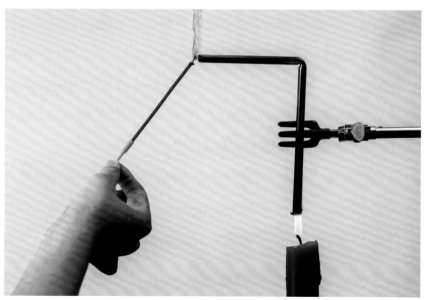

图 2.13　用蜡烛的火焰靠近冒出来的黑色物质，蜡烛的火焰熄灭了

法拉第在会场点亮了石灰光。"氢气在氧气中燃烧时会释放大量的热，但只产生暗淡的火焰。在加入在燃烧时能保持固体状态的石灰后，大家请看，火焰发出了多么强烈的光芒啊！（图2.14）它比电灯发出的光耀眼多了，甚至可以媲美日光。"

接着，为了帮助大家进一步认识碳，法拉第向听众展示了一块木炭。"这块木炭的燃烧形式与蜡中的碳一样。蜡烛火焰的热量使气态蜡分解，产生碳颗粒。碳颗粒燃烧发光，然后跑到空气中。不过，燃烧后的碳颗粒不再是固态的了，而变成了肉眼看不见的物质扩散到空气中。木炭这样脏兮兮的东西却能发出明亮的光，这难道不是一件非常了不起的事情吗？"

随后，法拉第总结了前面所讲的内容："所有明亮耀眼的火焰中都有固体颗粒在燃烧，像蜡烛、火药与铁粉等在燃烧时生成固体颗粒的物质都可以产生明亮又美丽的火焰[3]。"他还向听众展示了磷的燃烧形式以及氯酸钾、硫化锑、硫酸三者反应的燃烧形式，它们在燃烧时都产生了明亮的火焰。

法拉第有一位叫作查尔斯·安德森的实验助手。安德森是英国皇家炮兵部队的一名退役中士，他很有耐心，对法拉第十分忠诚。法拉第也非常信赖安德森，在做实验时，法拉第只让安德森协助自己。

---

3 影响火焰亮度的因素有很多，如含碳量、燃烧是否充分、物质燃烧的固有颜色等，法拉第的说法不完全准确。——编者注

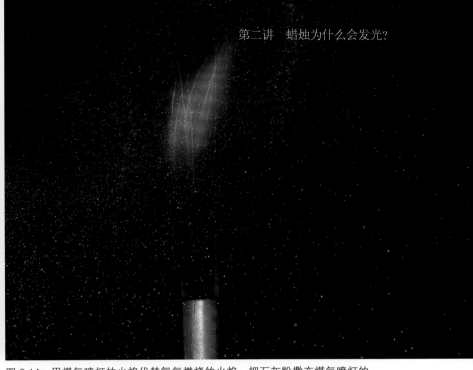

图 2.14　用煤气喷灯的火焰代替氢气燃烧的火焰，把石灰粉撒在煤气喷灯的上方，原本暗淡的蓝色火焰变明亮了

"安德森已经将这个坩埚放进火炉里烧灼过了。向坩埚里加少许锌粉后，我们可以看到，锌粉像蜡烛一样在燃烧时发出了强烈的光，还产生了白烟。锌粉燃烧产生了一种白色物质。"

然后，法拉第又将锌块放在坩埚里，用氢气燃烧的火焰加热坩埚。锌块也燃烧了起来，发出了耀眼的白光。（图 2.15）接着，法拉第将锌块燃烧产生的白色物质放进氢气燃烧的火焰中。"看，发出了美丽的光芒！这是因为这些白色物质是固体颗粒。"法拉第说道。

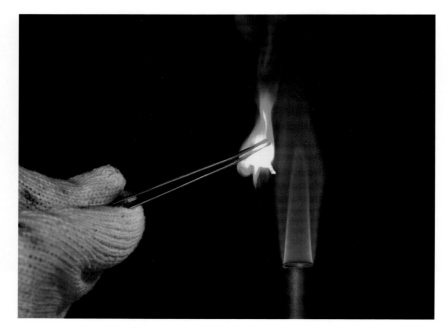

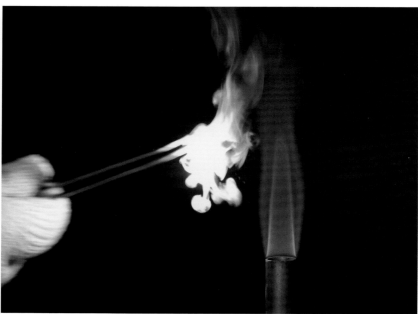

图 2.15 将锌块放进煤气喷灯的火焰（代替法拉第提到的氢气燃烧的火焰）中，锌块燃烧，产生了非常明亮的火焰，同时产生了白色的烟

"正如各位所见，蜡烛燃烧时的确产生了某些物质。这些物质中有碳颗粒，碳颗粒燃烧后又产生了别的物质扩散到空气中。我们一起来研究蜡烛燃烧产生了多少物质吧。"

法拉第拿出一个小气球。在现代，世界上仍有一些地区保留着在节日放飞孔明灯的习俗，例如在泰国的水灯节和日本新潟县的津南冰雪节，人们都会放飞孔明灯。孔明灯可以上升的原理是：蜡烛加热灯罩内的空气，使灯罩内的空气密度变小，从而使灯罩内的空气更轻，灯罩内的空气带动孔明灯一起向上升。在法拉第所处的年代似乎也有类似放飞孔明灯的游戏。"我准备了一个气球，我将利用它来收集蜡烛燃烧所产生的'看不见的物质'。"

法拉第把装有酒精的盘子放在桌子上，并在盘子上放了一个像烟囱一样的筒来收集酒精燃烧所产生的物质。法拉第让助手安德森点燃酒精。"我们在筒顶收集到的物质与蜡烛燃烧的产物相同。只不过，由于燃料是酒精，酒精在燃烧时不会产生明亮的火焰，因为酒精中的碳占比很小。接下来，我要将气球罩在筒顶。"

热气球迅速膨胀，向上升起。（图 2.16）"与蜡烛燃烧的产物相同的物质通过这个筒被收集到气球中。现在，我用一个瓶子罩住蜡烛。可以看到，瓶子内壁开始起雾，蜡烛的火焰也越来越小。蜡烛燃烧的产物能让火焰变弱。各位回家之后可以把冷却过的勺子放在蜡烛的火焰上方并仔细观察。勺子的表面也会像瓶子内壁一样起雾。这层凝结在勺子表面的物质就是水，今天就先讲到这里吧。"

图 2.16

▶ 通过第二讲学到的物质变化过程

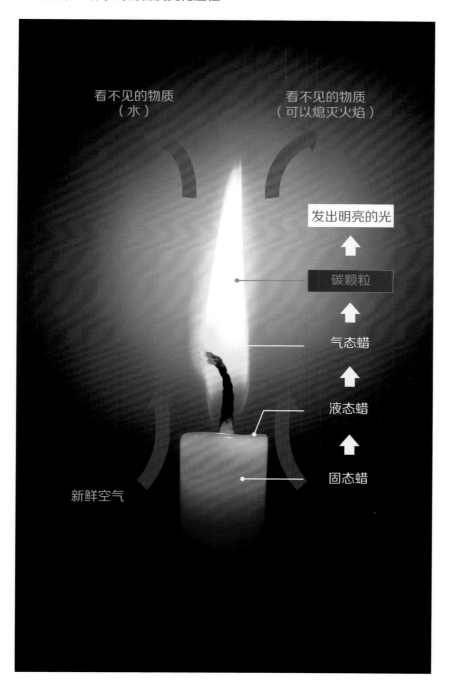

看不见的物质
（水）

看不见的物质
（可以熄灭火焰）

发出明亮的光

↑

碳颗粒

↑

气态蜡

↑

液态蜡

↑

固态蜡

新鲜空气

圣诞讲座

自 1825 年法拉第首次在大不列颠皇家研究院举办圣诞讲座到现在，除第二次世界大战期间外，圣诞讲座每年都会举办。近年来，圣诞讲座通过英国的电视台转播被越来越多的人观看，成为一个在英国本土很受欢迎的节目。法拉第在 1827—1860 年间共担任了 19 次圣诞讲座的讲师。讲座的主题涉及多个领域，以化学和电学为主，其中最广为人知的便是"蜡烛的科学"讲座。

关于圣诞讲座的听众，1933 年的圣诞讲座讲师詹姆斯·霍普伍德·金斯在其著作中写道："大不列颠皇家研究院在长达一个多世纪的时间里，邀请著名科学家举办面向年轻听众的讲座。实际上，年轻听众从年龄来看，指 8 岁至 80 岁的人，从受教育程度来看，包括正在上学的孩子、知识渊博的教授以及受人尊敬的研究院成员等在内的所有人。圣诞讲座的听众是所有热爱科学的人。"

没错，圣诞节讲座就是为所有对科学感兴趣的人而举办的讲座。

第三讲

蜡烛燃烧产生的水

PRODUCTS : WATER FROM THE COMBUSTION — NATURE OF
WATER — A COMPOUND — HYDROGEN

蜡烛燃烧的产物

第三场讲座刚开始，法拉第先帮听众回顾了第二场讲座的最后一个实验。

"各位都知道，蜡烛燃烧会产生各种各样的物质。正如各位在上一场讲座的最后一个实验中看到的那样，在蜡烛燃烧的产物中，有一种遇到冷却过的勺子或盘子后会凝结（液化）的物质，还有一种不凝结并可以让气球鼓起来的物质。

"首先，会凝结的那种物质非常有意思，它是纯净的、不含任何杂质的水。在上一场讲座的最后，我已经告诉各位凝结在瓶子内壁和勺子表面的物质是水。今天我想将重点放在'水'上，研究它与蜡烛燃烧之间的关系。"

接着，法拉第拿出一种金属："这是钾，是汉弗里·戴维发现的物质。钾会与水发生非常剧烈的化学反应。（图 3.1）我打算用钾来检验蜡烛的燃烧产物中是否有水。我先把一小块钾放在装有水的容器中，请大家仔细观察。"钾开始燃烧，产生紫色的火焰，在水面上四处游动。（图 3.2）

"在装有冰和食盐的器皿下方放一根点燃的蜡烛。器皿底部外出现了水滴。用钾接触水滴。看，钾像刚才那样开始燃烧了。这说明蜡烛燃烧产生了水。"钾的化学性质极其活泼，在自然界中无法以单质形态存在。19 世纪初，汉弗里·戴维成功用电解法从氢氧化钾中分离出了钾的金属单质。顺便说一下，钾的拉丁文名称是 kalium，其原意是"碱"。

图 3.1　钾会与空气中的水蒸气发生反应而自燃，因此钾必须保存在不含水的煤油中。钾
是一种柔软的金属，可以用小刀轻松地切割

图 3.2　将钾放进水中，钾开始燃烧，产生紫色的火焰，在水面上四处游动。钾会与水发
生剧烈的化学反应，因此可以用钾来检验是否有水

同样的"水"

法拉第继续围绕水的话题进行讲解。

"煤气和酒精燃烧产生的水与用蒸馏技术从河流和大海中提取到的水完全一样。我们可以用水溶解其他物质,也可以从溶液中去掉水来提取溶质。水有固态、液态和气态三种物理状态,但无论水处于哪种状态,它的化学本质都是水。"

姑且不提河水与海水,在自来水中就有钙离子和镁离子等杂质。将有杂质的水加热后产生的水蒸气冷凝,便可以得到纯水,也叫作蒸馏水。(见第59页"蒸馏法示例")法拉第告诉听众,蜡烛燃烧产生的水与蒸馏水是完全一样的。

随后,法拉第拿起一个装有液态水的瓶子:"这些水是油灯燃烧产生的水,燃烧1品脱(约568毫升)的灯油可以产生1品脱多的水。在钾与水反应的实验中用到的水就是蜡烛燃烧产生的。大部分像蜡烛一样在燃烧时产生火焰的可燃物都可以在燃烧时产生水。"

法拉第还建议听众自己动手做实验。例如,用冷却过的金属勺靠近蜡烛的火焰以获得水滴。用耐高温的玻璃杯也可以收集蜡烛燃烧产生的水:把玻璃杯倒过来置于点燃的蜡烛上方,玻璃杯内壁会起雾。(图3.3)这一现象说明了蜡烛燃烧产生了水。

► 蒸馏法示例

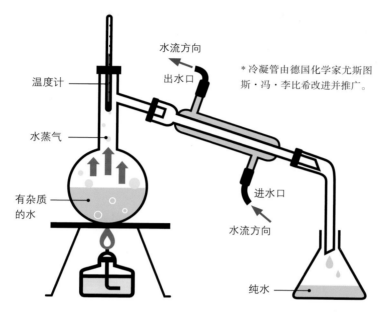

温度计

水流方向

出水口

* 冷凝管由德国化学家尤斯图斯·冯·李比希改进并推广。

水蒸气

有杂质的水

进水口

水流方向

纯水

图 3.3 将耐高温的玻璃杯倒置于点燃的蜡烛上方，玻璃杯的内壁会起雾

59

可燃物燃烧产生的水

"几乎所有的可燃物在燃烧时都能产生水。"仔细想来真不可思议啊。法拉第继续讲道:"我必须事先告诉大家,水能以各种状态存在。想必在座的各位都知道水有固态、液态、气态三种状态。让我们更深入地思考一下,水就像希腊神话中的普洛透斯(图3.4)一样,能够不断变换自己的外形。事实上,蜡烛燃烧产生的水与河流、大海中的水在化学本质上是完全相同的。

"如果周围的温度比较低,液态水就会变成冰。科学家们,请允许我将在座的各位都称为科学家,提到水时,无论水处于哪种状态,它的化学本质都是水(图3.5)。"法拉第再次强调了这一点,然后继续向大家讲解水是如何形成的。

"水是包含两种元素的化合物,其中一种元素是蜡烛中含有的元素,另一种元素则无处不在。最近,我们正好有个绝佳的机会可以看到液态水和冰相互转化的现象。也正是这一现象让我们在上周日遭了殃。由于气温突然上升,冰融化了,造成了一场大混乱。另外,液态水经过充分加热会汽化,变成水蒸气。"

图3.4 海神普洛透斯能变换外形,人们很难抓到他

　　法拉第所说的大混乱究竟是什么呢？由于当时的气象资料没有留存下来，我们无从得知。或许是因气温降低而结成的冰在气温升高后融化导致屋顶漏水之类的事情吧。

图 3.5　图中分别为固态、液态、气态的水。水有不同的物理状态

"液态水的密度最大。水的状态不同，外形等许多性质也会不同。液态水变成冰或水蒸气后，水的体积就会变大。液态水可能会变成透明坚硬的冰，也可能会变成四处扩散的水蒸气，这两种变化都会使水的体积变大。"

法拉第准备了一个装有碎冰和食盐的容器（图3.6）和一个结实的铁瓶。

"我们来把液态水变成冰吧。将铁瓶放在装有碎冰和食盐的容器中。这个铁瓶非常结实，瓶壁的厚度至少有1/3英寸（约8.5毫米），里面装满了液态水。拧紧瓶盖。当铁瓶里的液态水全部结成冰后，无论多么结实的瓶子也承受不住水因体积膨胀而对瓶

图3.6 将装满液态水的铁瓶放在装有碎冰和食盐的容器中。一段时间后，铁瓶里的液态水变成了冰。铁瓶无法承受水因体积膨胀而对瓶壁产生的压力，最终会裂开

壁产生的压力，最终铁瓶会裂开。我们需要等一会儿才能看到这一现象。"

在等待铁瓶里的液态水结成冰时，法拉第做了另一个实验。他用表面皿盖住正在加热的装有水的烧瓶瓶口。

"发生了什么呢？烧瓶中的水蒸气使表面皿上下跳动。由此可知，烧瓶里充满了水蒸气，不然它不会冒出来。（图3.7）

"我们从这个实验中可以知道，在质量相同的情况下，水蒸气的体积比液态水的体积大很多。水蒸气不断产生并充满了烧瓶，最终跑到了外面的空气中。然而，烧瓶中的液态水看起来没有减少太多。这表明，从液态水变成水蒸气，水的体积变化非常大。"

图3.7　加热盛有液态水的烧瓶，用表面皿盖住烧瓶瓶口。液态水沸腾后，表面皿开始上下跳动并发出声响。由此可知，烧瓶里充满了水蒸气

浮在水面上的冰

众所周知，冰可以浮在水面上。（图 3.8）液态水和冰的化学本质都是水，为什么冰可以浮在水面上呢？法拉第继续讲道："让我们从科学的角度认真思考一下。液态水结成冰后体积变大，因此在体积相同的情况下，冰比液态水轻，液态水比冰重。"

从液态变成固态后，大部分物质的体积都会缩小，而水恰恰相反，从液态变成固态后，水的体积变大。水是一种我们非常熟悉又十分特别的物质，它是由法拉第在后面介绍的两种元素的原子组成的。现在，我们都知道由两种元素的原子[4]构成的水分子聚集在一起就形成了我们能看到的、有各种状态的水。

图 3.8　冰可以浮在液态水上，但二者的化学本质都是水。在体积相同的情况下，冰比液态水轻

---

4 在法拉第讲座举办时，"分子是由原子组成的"这一观点刚刚开始被科学家们所接受，因此法拉第在讲座中没有使用"原子"一词而使用了"元素"。——编者注

在液态水中，水分子之间的距离较近，而在冰中，水分子构成了间隙较多的结构（见第67页"水的状态与分子结构"）。因此，水与大多数物质不同，冰（固态水）比液态水的体积更大。

法拉第向一个锡罐倒入少量液态水并加热。"我们再回到'加热这一条件对水产生的影响'这个话题上来。水蒸气正从锡罐中冒出来！有这么多水蒸气冒出来，说明锡罐中充满了水蒸气。

"液态水加热到一定程度会变成水蒸气。现在，我们反过来冷却水蒸气，使它变回液态水。将一个冷却过的杯子倒置在锡罐口上方。杯子的内壁上立刻起雾了。"（3.9图）

图3.9　向锡罐倒入少量液态水并加热。液态水沸腾后变成水蒸气。将冷却过的杯子罩在锡罐口，杯子内壁起雾了

夏天，装着冷饮的杯子的外壁上会出现水珠。这是因为空气中有大量的水蒸气，温度较高的水蒸气遇到冰凉的杯子后变成了液态水。

法拉第继续做实验。"这表明气态水凝结成了液态水。我想让大家亲眼观察到这一变化。"

法拉第把充满水蒸气的锡罐的盖子拧紧，将凉水浇在锡罐外壁上。"除了锡罐里的水蒸气冷却后变成了液态水外，锡罐还会产生什么变化呢？"锡罐凹陷了。（图3.10）

图3.10 锡罐中充满了水蒸气。拧紧锡罐的盖子并冷却锡罐，锡罐里的水蒸气变回了液态水。此时，锡罐里的气体体积变小，于是锡罐凹陷了

　　"假如拧紧锡罐盖子并持续加热锡罐，锡罐就会裂开。但当水蒸气变回液态水时，锡罐就会凹陷。这是因为水蒸气凝结后，锡罐里几乎变成真空状态。我之所以给大家演示这些实验，就是想告诉大家即便产生了这些现象，水也不会变成其他物质，水依旧是水。

　　"各位认为液态水变成水蒸气时，体积会如何变化呢？1立方英寸（约16.39立方厘米）的液态水能汽化为1立方英尺（约28317立方厘米）的水蒸气。反之，1立方英尺的水蒸气冷却后也会变成1立方英寸的液态水。"

　　1立方英尺为1728立方英寸。液态水变成水蒸气后，水的体积增加了1700多倍。

▶ 水的状态与分子结构

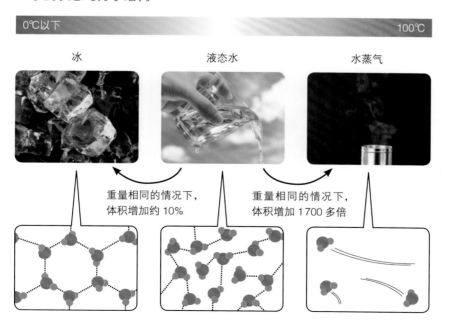

0℃以下　　　　　　　　　　　　　　　　100℃

冰　　　　　　　液态水　　　　　　水蒸气

重量相同的情况下，
体积增加约10%

重量相同的情况下，
体积增加1700多倍

在法拉第讲解的过程中，放在碎冰和食盐里的铁瓶裂开了。

　　"啊！铁瓶裂开了。铁瓶里的液态水变成了冰。这个铁瓶的厚度足有 1/3 英寸，冰却把它撑破了。这是因为水从液态水变成冰后体积变大了，铁瓶承受不住水因体积变大而对瓶壁产生的压力。

　　"在生活中，水经常发生这样的变化。其实并不需要人为冷却铁瓶，使里面的水结成冰。我之所以这样做，是想快速在瓶子周围创造出能代替冬天的低温环境。在寒冷的地方，各位做这个实验时，可以用户外环境代替这里用碎冰与食盐混合后创造的低温环境。"

　　水从液态变成固态后，它的体积增加了约 10%。铁瓶中的液态水变成冰后体积增加，撑坏了无法膨胀的容器。这与自来水管在寒冷的冬夜里裂开是同一个原理。（图 3.11）

图3.11　在寒冷的地方，自来水管常会被冻裂。自来水管里的水结成冰后体积增加，自来水管因无法承受水因体积膨胀产生的压力而破裂

‖TRY6‖ 实验六 变扁的瓶子

实际感受水的体积变化。用铝制饮料瓶来做实验会更方便。可能很多人都听说过这个实验，但当这个实验现象发生在自己眼前时，人的印象会更加深刻。

◆ **实验用品**

有螺纹式瓶盖的铝制饮料瓶、水壶、劳保手套、凉水

◆ **实验步骤**

1. 将凉水倒入水壶，加热至水沸腾。
2. 戴上劳保手套，拿起铝制饮料瓶。将饮料瓶瓶口对准水壶壶嘴，让从水壶壶嘴冒出的水蒸气充满饮料瓶。（图 3.12a）
3. 马上拧紧瓶盖。
4. 向饮料瓶外壁浇凉水。（图 3.12b）

* 水蒸气冷却后变成液态水。质量相同的水蒸气与液态水的体积比约为 1700∶1，此时，饮料瓶内部接近真空状态，瓶外的空气挤压瓶身，使饮料瓶凹陷。

图 3.12a

图 3.12b

69

铁瓶裂开和锡罐凹陷的过程中都发出了很大的声响。法拉第换了一个话题。

"接下来，我会做几个安静的科学实验。蜡烛燃烧时产生的水本来在哪里呢？蜡烛中有水吗？没有。蜡烛中没有水，蜡烛燃烧需要的空气的成分中也不包括水。蜡烛中的某种物质与空气中的某种物质结合产生了水。（图 3.13）

"现在，为了彻底理解'蜡烛的科学'，我们必须探究水从何而来。究竟该怎么做呢？我希望各位可以仔细回想一下我之前讲过的内容，思考一下。"

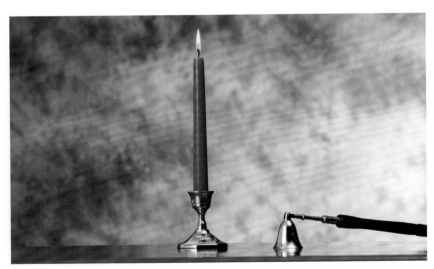

图 3.13　蜡烛燃烧产生的水究竟从何而来

法拉第希望听众在听完讲座之后，能学会科学的思考方式。他希望那些只是因为好奇才来听讲座的听众也能感受到科学的乐趣。

"我们刚刚用汉弗里·戴维使用过的方法确认了蜡烛燃烧的产物中有水。接下来，我们再做一次这个实验。用钾做实验时一定要非常小心。"说着，法拉第把一小块钾放进了水中。

"如各位所见，钾就像一盏漂浮在水上的灯。它在水中剧烈燃烧着。将铁粉放进水中后，铁粉也会发生化学反应。不过，铁粉不像钾那样在水中剧烈燃烧，铁粉会慢慢生锈。（图 3.14）铁粉也能与水[5]发生反应。请各位把这个事实铭记于心。"

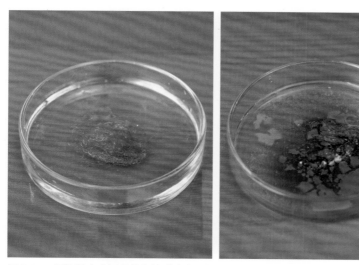

图 3.14　把铁粉（或钢丝棉）放进水中，铁粉（或钢丝棉）与水发生反应，数日后生成了红褐色的铁锈

5 实际上，与铁粉发生反应的是溶解在水中的氧。——编者注

接着，法拉第说："我们学习了让物质发生变化的各种方法，通过这些方法我们可以了解物质的性质。现在，我们来研究铁这种物质。加热能加速一切化学反应。想要详细地了解物质之间发生的变化，必须重视加热的作用。"

把铁片放进水中，在常温下放置一段时间后，铁片表面会生成红褐色的铁锈。加热可以加速这一化学反应。但是，有时候加热也会使反应产生的物质发生改变。在加热状态下，铁与水的反应会发生怎样的变化呢？法拉第继续讲道："铁是一种非常美丽的物质，它能'有条理'地向我们展示它的特性。"

自古以来，对人们来说，铁就是一种很特别的物质。直到现在，铁仍被称为"金属之王"。（图 3.15）铁在我们现在的生活中发挥了重要的作用。铁是从铁矿石中提取出来的。在法拉第所处的年代，英国是冶铁业最发达的国家。1709 年，人们发明了焦炭（焦炭由煤经干馏制成）炼铁的方法。之后，蒸气机的改进使英国的炼铁技术更上一层楼。（图 3.16）更加高效的炼铁装置和炼铁方法的出现推动了英国工业革命的全面展开。（图 3.17）对当时的人们来说，铁象征着新时代和工业发展。

接下来，法拉第准备了一个很大的实验装置（图 3.18）。

图 3.15　铁的强度高，铁矿石相对容易开采，铁加工起来也比较容易，因此铁被广泛地应用在工业的各个领域。图为英国塞文河上的铁桥。该桥于 1781 年建成，是世界上第一座铁桥
摄影：罗恩特鲁姆

图 3.16　图为画家卢泰尔堡创作的《夜幕下的煤溪谷》（1810 年）。油画描绘的是一座炼铁厂，收藏于英国科学博物馆

图 3.17　图为英国发明家亨利·贝塞麦在 19 世纪 50 年代发明的贝塞麦转炉。它可以在冶铁时除去铁矿中的硅、锰、碳等杂质，并提高铁的产量
摄影：霍尔格·埃尔高

铁告诉我们

法拉第站在一个火炉前说："这里有一个持续燃烧的火炉，一根粗铁管横穿火炉的内部。粗铁管里装满了铮亮的铁粉。我们既可以从粗铁管的一端向里面输送空气，也可以在粗铁管的一端连接烧瓶，向里面输送水蒸气。在向粗铁管里输送水蒸气之前，我先关闭这个阀门，把接在这根粗铁管另一端的细铁管放进盛有水的水槽中，并在管口罩上一个试管。为了方便各位观察，我将水槽中的水染成了蓝色的。"

法拉第拿起上一个实验中凹陷的锡罐，继续说："将水蒸气输送到粗铁管里，水蒸气应该会在水槽中的细铁管中凝结。水蒸气凝结后无法继续保持气体的状态了，细铁管应该会像这个锡罐一样因为管内的气体体积减小而凹陷。但粗铁管变凉了，水蒸气就会凝结在管内，避免在粗铁管凝结，因此粗铁管需要一直加热。

"接下来，我们一点儿一点儿地向铁管里输送水蒸气。请各位判断一下，水蒸气从粗铁管的另一端冒出来后是否还能保持原本的状态呢？"

水蒸气

铁

图 3.18

　　因为细铁管的另一端放在水槽中，所以细铁管放在水槽中的那一段温度较低。"水蒸气冷却后应该变回液态水，但是细铁管这端冒出来的仍是气体。也就是说，从粗铁管另一端冒出的气体在水中冷却后，没有凝结成液态水，而仍保持气体的状态被收集在试管中。"

　　不断有气体从细铁管的另一端冒出来，被收集在试管中。"我们用这些气体做另一个实验吧。"法拉第让试管保持倒立的状态，并在不让气体跑掉的情况下将试管取了出来。

法拉第用明火靠近收集有气体的试管管口，此时，观众听到了轻微的爆鸣声并观察到了燃烧现象。（图 3.19）"由此可知，这种气体不是水蒸气。因为水蒸气非但无法燃烧，还会令火焰熄灭，而这种气体却可以燃烧。蜡烛燃烧产生的水和用其他方式提取的水都可以通过该实验方法产生这种气体。

　　"铁粉与水蒸气反应的产物与铁粉燃烧的产物非常相似。它们都比反应前的铁粉重。在与空气和水蒸气隔绝的环境中加热粗铁管中的铁粉，然后冷却铁粉，铁粉的重量不变。但是，向粗铁管通入水蒸气后，水蒸气中的某种物质被铁粉夺走，而水蒸气中留下的物质便是这种气体。"

　　铁粉能与水蒸气立即发生化学反应生成黑色物质，但在常温环境中，铁粉与水发生化学反应需要经过数日才会生成红褐色物质。

图 3.19　铁粉与水蒸气反应产生的气体非常容易点燃，点燃后很容易爆炸。点燃少量的这种气体会发出轻微的爆鸣声。这种气体燃烧产生的火焰是淡蓝色的

76

▶ 火炉里发生的反应

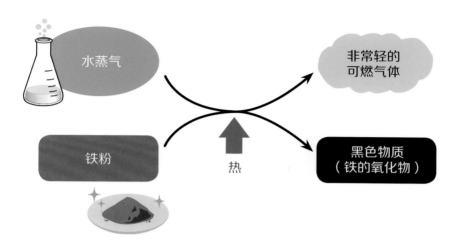

水蒸气中被铁粉夺走的物质究竟是什么我们暂时不去研究。水蒸气中留下的物质是一种可燃气体。

"这支试管里也充满了这种气体，接下来，各位将看到一个有趣的现象。正如各位刚刚所见，这种气体可以燃烧。为了证明这一点，我将再次点燃它。虽然水蒸气冷却后会凝结成液态水，但这种气体不会凝结，而且极轻，如果将试管管口朝上，不堵住试管管口，这种气体会跑到空气中。"

法拉第说着，拿出了第三支试管。他用这支试管罩住燃烧着的蜡烛，蜡烛的燃烧状态不变证明这支试管里面只有空气。

"那么，我现在让刚刚一直提到的这种气体充满这支只装有空气的试管。像这样将两支试管倒置，将装有可燃气体的试管倾斜，其管口位于装有空气的试管管口下方。"（图 3.20）

图 3.20　用量筒代替试管。将两个量筒倒置，将装有可燃气体的量筒（左）倾斜，筒口放在装有空气的量筒（右）的筒口下方。可燃气体被转移到装有空气的量筒中

法拉第用原本装有可燃气体的试管罩住燃烧着的蜡烛，蜡烛的燃烧状态不变说明里面只有空气没有可燃气体。随后，法拉第拿着原本装着空气现在被可燃气体充满的试管说："现在，这支试管中有可燃气体。可燃气体从刚才的试管中转移到了这支试管中。可燃气体转移后，它的性质和状态不变。组成这种气体的元素在蜡烛燃烧产生的水中也存在，这种气体对我们理解'蜡烛的科学'至关重要。"

法拉第将装着可燃气体的试管管口靠近火焰，试管中的气体像刚才那样燃烧了。

"铁粉与水蒸气反应会产生这种气体。用能与水发生剧烈反应的钾也可以制出这种气体。如果用锌代替钾，又会怎样呢？

"锌不像其他金属那样能轻易与水发生反应。我仔细研究了其中的原因，发现主要是因为锌表面的氧化膜阻止了锌与水发生反应。因此，直接将锌放进水中，不会发生任何反应，也不会生成任何产物。我们用少许盐酸把这层碍事的氧化膜除去后，锌就能像铁一样，与水发生反应了。"

法拉第将加入少许盐酸的水与锌放入烧瓶后，烧瓶内产生了气体。（图 3.21）他用试管将这种气体收集了起来。

"这种气体不是水蒸气。它与刚才通过铁管实验得到的气体一样，都是可燃的。而且，将试管倒置，它不会从试管中跑出去。这种气体就是我们从水中提取出的物质，它与蜡烛中含有的物质是同一种。

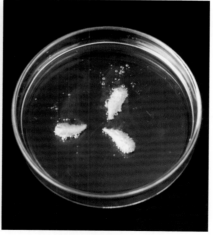

图 3.21　将锌直接放进水中，锌不会发生任何变化。但滴入几滴盐酸后，水中会产生大量气泡。因为盐酸能除去锌表面的氧化膜，使锌与水发生反应。这里用培养皿代替了烧瓶

可燃气体的真面目

"这种气体是氢气,它在化学中被称为单质。单质中只含有一种元素。蜡烛不是单质,因为我们还可以从蜡烛中提取出碳。氢气可以从蜡烛燃烧产生的水中提取出来,它能与另一种单质结合产生水。氢元素的拉丁文名称是 hydrogenium,其含义是生成水的元素。"

氢气是由英国化学家亨利·卡文迪许(1731—1810年)在1766年分离出来的。(图3.22)在1783年,法国化学家安托万·拉瓦锡(1743—1794年)将组成氢气的元素命名为"氢"。(图3.23)

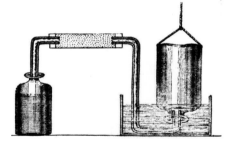

图3.22 图为英国化学家亨利·卡文迪许(左)与其分离氢气的实验装置(右)。亨利·卡文迪许极度反感社交,他虽然有许多重大发现,但公开发表的论文很少

图3.23 图为法国化学家安托万·拉瓦锡,他被称为"现代化学之父"。他因为包税官的工作在法国大革命中被送上了断头台

　　法拉第拿着装有氢气的试管接着说："我们继续做实验吧。我希望各位也能亲自做一做实验。不过，在做实验时一定要小心并征得周围人的同意。在深入学习化学的过程中，一旦实验方法出错就会导致事故。因此，我们在使用酸、加热工具、易燃物时一定要小心。用锌和硫酸或盐酸能很容易地制出氢气。"

　　说着，法拉第拿出了一个小玻璃瓶，瓶口塞着一个插着管子的软木塞。"接下来，我将为大家演示过去人们是如何点亮'贤者之灯'的。我准备了一个玻璃瓶。在瓶中放少许锌，然后非常小心地灌满水。为什么呢？正如各位所了解的那样，实验中会产生非常易燃的气体，它与空气混合后极易爆炸。如果没有将水面上方的空气完全赶出去就让火焰靠近管子的一端，可能会发生爆炸。"

　　硫酸与水混合时会产生大量的热。如果将水倒入硫酸，水会在硫酸表面沸腾，导致硫酸飞溅。因此，将二者混合时，应先将水倒入容器，再加入硫酸。法拉第先将锌和水放进瓶中也是出于这个考虑。

法拉第点亮了"贤者之灯"。虽然火焰微弱，但温度很高。氢气燃烧时的温度约为3000℃，而蜡烛火焰最外侧的温度最高约为1400℃。

　　"蜡烛燃烧产生了水。接下来，让我们一起研究氢气燃烧产生了什么。"法拉第边说边用试管罩在"贤者之灯"的火焰上。试管的内壁上很快出现了小水滴。氢气燃烧产生了水。

　　"氢气是一种非常棒的物质。它比空气轻，充有氢气的物体可以在空气中上升。我为大家演示一下吧。"法拉第说完，用氢气吹了一个肥皂泡。肥皂泡转眼间便升到了天花板上。接着，法拉第又将氢气充入气球，气球也飘到了空中。（图3.24和图3.25）

图3.24　用氢气吹的肥皂泡非常轻，转眼间便飞了起来

　　法拉第还用数字说明了氢气有多轻。1立方米的氢气约90克，1立方米的空气约1293克，体积同样的情况下，氢气的重量只有空气的1/14。在法拉第所处的时代，人们利用氢气比空气轻的性质制作了氢气球和飞艇。然而，氢气是一种极易爆炸的气体。1937年5月3日，德国载客飞艇兴登堡号从德国出发。5月6日，飞艇在美国东海岸附近降落时突然爆炸，造成飞艇内的35人以及1名地面工作人员死亡。

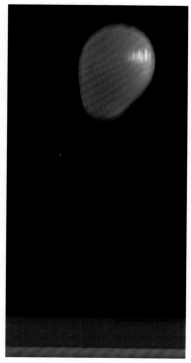

图 3.25　充有氢气的气球迅速上升

化学能

"氢气在燃烧的过程中以及燃烧后都不会产生固态物质。氢气燃烧只生成水。请大家记住，在自然界中，燃烧后只生成水的物质只有氢气。接下来，我们来研究水的基本性质。"

法拉第拿出一个装置，在装置的两端各连接着一根金属丝，开始做本场讲座的最后一个实验。

两根金属丝没有连接装置的那端相接触后产生了火花。（图3.26）

"火花释放的能量相当于40块锌板燃烧产生的能量。这股巨大的能量可以通过金属丝传导到任何地方。如果我不小心将这股能量作用到我的身体上，我就会瞬间死亡。请各位从1数到5。在这个过程中，我将不断让两根金属丝没有连接装置的那端相接触，火花释放的总能量相当于数次闪电的能量之和。

"在下场讲座中，我会介绍铁粉燃烧的实验，让大家了解'化学能'的威力究竟有多大，我还会让大家看看'化学能'作用到水中会产生什么现象。"至此，第三场讲座结束了。

▶ 通过第三讲学到的水和氢气的特性

水的特性	氢气的特性
❶ 能由蜡烛等物质燃烧产生	❶ 能从水中提取，不易溶于水
❷ 有三种状态：固态、液态、气态	❷ 非常轻
❸ 能与金属发生反应	❸ 易燃，燃烧后产生水
❹ 由氢元素与另一种元素组成	

图 3.26

法拉第与伏打电池

法拉第在第三场讲座快结束时拿出来的装置是伏打电池。意大利物理学家亚历山德罗·伏打（1745—1827 年）在 1800 年发明了由锌板与铜板堆叠制成的伏打电池。电压的单位"伏特（V）"就是根据伏打的名字命名的。

伏打电池是由几组锌板与铜板堆叠在一起的装置，每组金属板之间夹着浸满电解液的厚纸。电解液是一种容易导电的溶液，伏打电池利用金属不同的失电子能力来产生电流。

与铜相比，锌更容易失去电子，电子会向铜板方向移动。大量的锌板与铜板堆叠在一起可以增加电子数量。

法拉第在当学徒的时候，自学了化学。他知道伏打电池的原理后，便将半便士的铜币和锌板以及浸过食盐水的厚纸堆叠在一起，独立制作了伏打电池。法拉第留有记录的第一个实验便是用自己制作的伏打电池做的"硫酸镁分解实验"。

法拉第还曾与汉弗里·戴维一同拜访过伏打，并收到了伏打亲自赠送的伏打电池。法拉第用伏打电池做了许多实验。对法拉第而言，伏打电池是他非常熟悉的实验装置。

第四讲

另一种元素

HYDROGEN IN THE CANDLE — BURNS INTO WATER —
THE OTHER PART OF WATER — OXYGEN

提取溶解的铜

"蜡烛的科学"讲座已经进入后半阶段。法拉第拿起一支试管开始演讲。

"相信各位还没有厌倦'蜡烛的科学',不然各位就不会来听这场讲座了。在上一场讲座中,我们知道了蜡烛燃烧可以产生水。通过进一步研究水,我们发现了水中含有氢这一奇妙的元素。这支试管里有氢气。氢气非常轻,是一种可燃气体。氢气燃烧后可以产生水。"

通过上一场讲座的实验,我们知道了将铁粉放在铁管里持续加热并输送水蒸气能生成氢气。水蒸气是气态的水,含有氢元素。

"今天,我将使用在上一场讲座中介绍的化学能来做实验。"

法拉第拿出在上一场讲座中展示过的装置——伏打电池。

"我将用这个装置分解水来研究水除了含有氢元素,还含有什么元素。首先,我们来看看化学能是如何作用的吧。

"这里有铜和装有硝酸溶液的烧杯。硝酸是一种腐蚀性很强的化学物质,能与铜发生剧烈反应,并生成漂亮的红棕色的气体。这种气体有毒,千万不要闻。铜溶解后,烧杯中的溶液变绿[6]了。(图 4.1)溶液中含有铜元素和其他元素,接下来用伏打电池产生的化学能作用在溶液中吧。"

---

6 浓硝酸和铜反应生成硝酸铜和二氧化氮,硝酸铜溶液呈蓝色,但在反应的过程中,溶液中溶有大量二氧化氮,于是溶液呈绿色。——编者注

► 伏打电池的结构

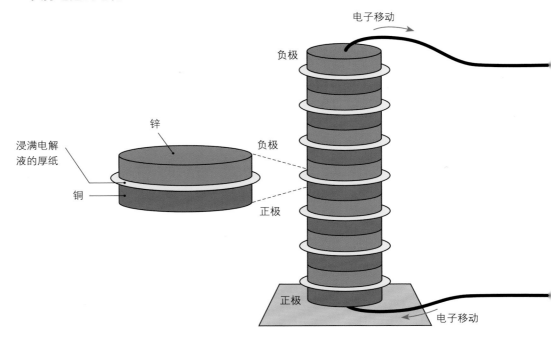

图 4.1 图为蓝色的硝酸铜溶液。铜与硝酸反应产生的二氧化氮会损害呼吸器官

"现在，我们将两块银板放在溶解了铜的溶液中，溶液和银板没有发生任何变化。然后，我们将两块银板分别与电池的正极和负极连接起来。大家请看，左侧银板表面上析出了一层红色的铜，银板似乎变成了铜板，而右侧的银板还保持原样。"（图 4.2 ~ 4.4）

随后，法拉第将左右两块银板交换位置，连接与之前不同的电极。此时，表面覆盖一层金属铜的银板变干净了，而原本干净的银板表面析出了铜。

"铜从右边的银板转移到了左边的银板。通过实验，想必各位已经明白了，溶解在溶液中的铜可以利用电解的方法提取出来。"

通过电解，实验中银板的表面镀上了铜。现在人们经常用这种方法对金属表面进行电镀。

电极通过的电量与析出金属的质量有一定比例关系。法拉第在 19 世纪 30 年代发现的"电解定律"阐明了这一关系。之后，英国的电镀技术开始飞速发展。

图 4.2　将两块不锈钢板（代替银板）放在硝酸铜溶液中，一块连接电池的正极，一块连接电池的负极

图 4.3　连接电池负极的不锈钢板变色，连接电池正极的不锈钢板上有气泡产生

▶ 法拉第的电解硝酸铜实验

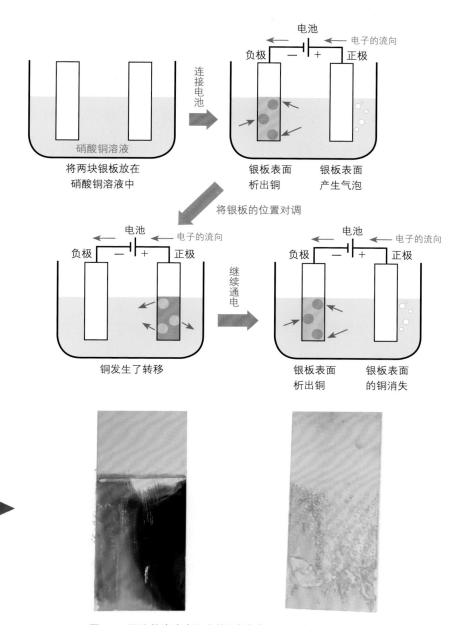

图 4.4　图为从溶液中取出的不锈钢板。连接电池负极的不锈钢板表面附着着铜。连接电池正极的不锈钢板没有变化

化学能如何作用于水？

法拉第继续用伏打电池做实验。"这次，我们来研究一下化学能是如何作用于水的。在一个玻璃容器中放入两块银板，然后加一些水。纯水不容易导电，因此我又加了少许酸。接下来，给两块银板通电。"两块银板上都产生了气泡，气体不断被收集在另一个玻璃容器中。（图 4.5）水被分解成了气体。法拉第取了玻璃容器中的一部分气体并点燃，气体随之爆炸[7]。"火焰颜色与氢气燃烧产生的火焰颜色很像，但这种气体的燃烧方式与氢气的燃烧方式不同，与蜡烛的燃烧方式也不同，这种气体即使在隔绝空气的环境中也能燃烧。"

法拉第继续进行电解水的实验。这次，他用两支试管分别收集两块银板上产生的气体。连接电池负极的银板上产生的气体量是连接电池正极的银板上产生的气体量的 2 倍，两种气体都没有颜色。（图 4.6）法拉第先拿起了气体较多的那支试管。"我们先来确认一下这里的气体是不是氢气。请大家回想一下氢气的特性。氢气很轻，燃烧时产生淡蓝色的火焰。我们将这支玻璃试管中的气体点燃吧。"气体燃烧时产生了淡蓝色火焰，说明它是氢气。

"另一种气体是什么呢？将点燃的木片放到这种气体中。请看，木片在这种气体中比在空气中燃烧得更加剧烈。（图 4.7）这种气体是氧气。氧元素也存在于水中。"

当时，大多数人并不知道水中有氢元素和氧元素，听众应该觉得很新鲜。

---

7 点燃氢气和氧气的混合气体会发生最强烈的爆炸，非常危险。严禁擅自操作！——编者注

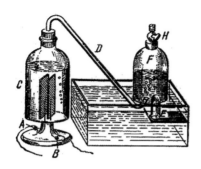

图 4.5　图为法拉第在讲座中第一次做电解水的实验时使用的装置，A 与 B 分别连接电池的正负极，通电后，C 中的水被分解，F 用于收集氢气与氧气的混合气体

图 4.6　图为法拉第在讲座中第二次做电解水的实验时使用的装置。将水注入水槽，用两支试管分别罩住两块银板，分开收集氢气与氧气。最后收集到的氢气的体积是氧气体积的 2 倍

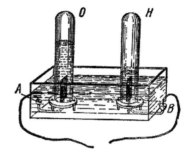

图 4.7　将点燃的木片放在装有氧气的锥形瓶中，锥形瓶的内壁起雾了。由此可知，木片在燃烧的过程中产生了水

蜡烛与氧气

我们已经知道，水通过电解可以产生氢气与氧气。"空气中有氧气。因为有氧气，蜡烛燃烧才能产生水，如果没有氧气，蜡烛燃烧是绝对不可能产生水的。那么，我们可以从空气中提取氧气吗？使用极其复杂的方式的确可以从空气中提取氧气，但可以用更简单的方法来制取氧气。"

法拉第说完便立刻开始做制取氧气的实验。"有一种名为高锰酸钾的物质，它是紫黑色的固体，加热后会生成氧气。还有一种名为氯酸钾的物质，它常用于漂白和烟花的制作。将氯酸钾与二氧化锰（图4.8）混合后，可以在温度更低的条件下获取氧气。"法拉第说完，开始加热盛有氯酸钾与二氧化锰混合物的铁制容器，并用玻璃瓶收集反应产生的氧气。紧接着，法拉第将一支燃烧着的蜡烛展示给大家，然后将蜡烛放在收集了氧气的玻璃瓶中。蜡烛的火焰忽然变得更大更耀眼了。（图4.9）

图4.8 图为二氧化锰。在现代的化学实验中，人们经常把二氧化锰作为催化剂，用过氧化氢溶液制取氧气

图 4.9　图为蜡烛分别在空气（上）中与在氧气（下）中燃烧的现象。在空气中，蜡烛一开始像图片中那样燃烧，之后，火焰逐渐变小。在氧气中，蜡烛剧烈燃烧，且蜡烛明显变短，玻璃瓶的内壁产生了大量小水滴

"火焰实在是太美太耀眼了！相信各位也已经发现

是一种比较重的气体。"放入蜡烛的那个玻璃瓶没有盖上

们通过电解水的实验获得的氢气的体积是氧气的体积的

体积相同的情况下，氧气比氢气要重得多。"在1标准大

的状态下，1立方米的氢气约89克，而同体积的氧气约

差别很大吧。

随后，法拉第拿起另一瓶装有氧气的玻璃瓶，
又将一根点燃的蜡烛放在了瓶中。"大家请看，
火焰发出了耀眼的光芒。这个光芒与我在上一场
讲座中演示的将连接伏打电池正负极的两根金属
丝接触时产生的光芒有些相似。各位可以想象，
在烛芯处发生了多么剧烈的化学反应。然而，如
此剧烈的反应产生的物质和蜡烛在空气中燃烧产
生的物质别无二致。蜡烛在氧气中燃烧产生的水
与在空气中燃烧产生的水完全一样。

"氧气能支持物质燃烧，这种支持力相当惊
人。如各位之前所见，铁在空气中燃烧也能冒出
火花。那么，铁在氧气中会如何燃烧呢？"

法拉第准备了一块上面缠着铁丝的木片。他
将木片点燃后放在装有氧气的玻璃瓶中。木片开
始燃烧。"火焰很快会蔓延到铁丝上。大家请看，
铁丝开始燃烧了，发出了耀眼的光。（图4.10）
只要不断补充氧气，铁丝就可以一直燃烧，直到

铁被完全消耗掉。"

　　随后，法拉第将点燃的硫黄和磷先后放在了装有氧气的玻璃瓶中，此时，听众看到了硫黄和磷与之前在空气中燃烧时截然不同的剧烈的燃烧状态。"由此可知，物质在氧气中会剧烈燃烧。我们再来研究氢气与氧气的关系吧。"

钾可以燃烧的原因

法拉第以钾为例继续讲解道："钾与水反应会燃烧。这是为什么呢？这是因为钾夺走了水中的氧元素，并与氧元素结合生成了化合物，氢元素从水中被分离了出来。"

法拉第将一小块钾放在冰上："破坏水中氧元素与氢元素之间的相互作用力会使钾在冰上燃烧。我们试试看吧。钾开始燃烧了。这简直像火山爆发一样。

"在这场讲座中，大家看到了许多不同寻常的现象。但是，在我们点燃蜡烛、煤气灯以及火炉中的柴火时，很难发生这些异常且极度危险的现象。在下一场讲座中，我会告诉大家为什么这些奇怪的现象在平时几乎不会产生。"

空气中有氧气，但为什么物质在空气中不会像在实验中那样剧烈燃烧呢？答案将在下一场讲座中揭晓。第四场讲座到此结束。

▶ 通过第四讲学到的内容

❶ 伏打电池产生的电能的本质是化学能
❷ 水中有氢元素和氧元素
❸ 蜡烛燃烧消耗空气中的氧气并生成水，钾从水中夺走氧元素，从水中分离出的氢元素
❹ 在体积相同的情况下，氧气比空气重，物质在氧气中会剧烈燃烧

第五讲

空气中有什么？

OXYGEN PRESENT IN THE AIR — NATURE OF THE ATMOSPHERE —
ITS PROPERTIES — OTHER PRODUCTS FROM THE CANDLE —
CARBONIC ACID — ITS PROPERTIES

空气与氧气的区别

第五场讲座也吸引了许多听众。法拉第对听众说："在上一场讲座中，我们知道了，电解蜡烛燃烧产生的水可以制出氢气和氧气。想必各位都认为氢元素来自蜡烛，氧元素来自空气吧？如果这样的话，各位肯定会问'明明空气中也有氧气，为什么物质在空气中燃烧的方式与在氧气中燃烧的方式不同呢？'这是个十分重要的问题。接下来，我会让各位明白，这个问题对我们了解自己的身体也非常重要。"

空气与氧气的区别是什么呢？空气中除了有氧气，还有什么呢？法拉第又像在前几场讲座中一样，开始做实验了。

"在上一场讲座中，为了判断电解水产生的另一种气体是不是氧气，我们点燃了一些物质。通过物质的燃烧方式我们判断出了电解水产生的另一种气体是氧气。现在，我们换一种实验方法。这里有两个玻璃容器，里面分别有不同的气体。两个容器之间有一块玻璃隔板，玻璃隔板用来避免两个容器中的气体混合在一起。去掉这块玻璃隔板后，两个容器中的气体将混合在一起。两个容器中的气体混合后会产生什么现象呢？"

无色透明的气体变成了棕红色的气体。其中一个玻璃容器中的气体是氧气，另一个玻璃容器中的气体是一氧化氮。这两种气体混合后产生的棕红色气体是二氧化氮（图5.1）。因此，一氧化氮可以用来检验氧气是否存在。

随后，法拉第向装有空气的容器通入一氧化氮，混合气体也变成了棕红色的气体。由此可以确定，空气中有氧气。

　　"接下来，我们来思考为什么蜡烛在氧气中会剧烈燃烧，在空气中却不会。这里有两个烧杯。其中一个烧杯里是空气，另一个烧杯里是氧气，我们无法从外观上区分二者。我也不知道哪个烧杯里是空气，哪个烧杯里是氧气。将检验气体即一氧化氮通入烧杯，看看会发生怎样的变化。"

　　法拉第将一氧化氮分别通入两个烧杯。两个烧杯中的气体都变红了，但颜色深浅不同。

　　"我们分别向两个烧杯中加水，并晃动烧杯，不久，烧杯里的棕红色气体消失了，这是因为水吸收了棕红色气体。我们再将一氧化氮通入烧杯，只要烧杯中还有氧气，便会产生棕红色气体，然后再向烧杯中加水，棕红色气体又消失了。这个过程会一直持续，直到氧气被耗尽。

　　"向之前装有空气的烧杯通入一氧化氮，烧杯里的气体没有变红。我们再向烧杯通入一些空气看看吧。假如气体变红，可知在第二次通入空气之前，烧杯中有一氧化氮，但没有氧气。"通入空气后，烧杯中的气体稍稍变红，然后立刻被水吸收，剩下无色透明的气体。

图 5.1　一氧化氮是无色透明的气体，遇到空气后会与空气中的氧气反应，产生棕红色的二氧化氮。二氧化氮易溶于水

氧气与氮气

"在这个实验中，我们将空气中的氮气分离了出来。氮气是一种非常有趣的物质，在空气中占绝大部分。大家可能会觉得这个实验结果很无聊，因为，氮气不像氢气可以燃烧，也不像氧气可以让蜡烛燃烧得更剧烈。氮气能让一切燃烧的物质熄灭。

"氮气既不臭也没有其他气味，它不溶于水。氮气既不是酸也不是碱。我们的感觉器官无法感知氮气的存在。"

氮气确实没有什么存在感，但是为什么法拉第说氮气是一种有趣的物质呢？

"假如我们周围的空气不是由氮气、氧气等气体组成的混合气体，而是纯氧气，会发生什么事情呢？

"各位都知道铁丝能在氧气中燃烧。假设我们在铁质的火炉中放一些煤炭，然后点燃煤炭。如果空气中只有氧气，会发生什么呢？铁质的火炉会比作为燃料的煤炭燃烧得更剧烈，因为在氧气中，铁比煤炭燃烧得更剧烈。氮气降低了氧气在空气中的浓度，使氧气更利于被人类利用。"

不仅铁会在氧气中剧烈燃烧，树木和纸也会在氧气中剧烈燃烧。如果没有氮气这样的气体，人类活动就无法正常进行。

"氮气是一种不活泼的气体,它只有在极强且持续的放电条件下,才能与氧气缓慢地发生化合反应。正因为氮气不活泼,我们才说氮气是一种很安全的物质。接下来,我带大家了解一下氧气和氮气在空气中所占的百分比。"

▶ 法拉第展示的空气成分表

	体积(%)	重量(%)
氧气	20	22.3
氮气	80	77.7
	100	100

在空气中,氮气的体积约是氧气的体积的 4 倍。"氮气可以降低氧气在空气中的浓度,氮气不仅能让蜡烛燃烧得刚刚好,还能保证我们安全地呼吸。氮气与氧气在空气中的占比不仅对燃烧很重要,而且对我们的呼吸也非常重要。"

▶ 现在已知的空气成分表

成分	体积(%)
氮气	78.08
氧气	20.95
氩气	0.93
二氧化碳	0.03
其他气体和杂质	0.01

气体的重量

　　法拉第继续讲解。（在1标准大气压和0℃的状态下）1立方米的空气约1293克、1立方米的氧气约1430克、1立方米的氮气约1250克。由于空气中约80%的成分是氮气，约20%的成分是氧气，所以在体积相同的情况下，空气比氮气稍重一些。

　　"各位一定会问，如何测量气体的重量呢？这真是个好问题。测量气体的重量非常简单，我为大家演示一下。"说着，法拉第拿出一个铜质的瓶子。这个瓶子非常坚固且很轻，瓶口还有一个阀门。打开阀门，将瓶子放在天平的一个托盘上，然后在另一个托盘上放砝码，直至天平处于平衡状态。随后，法拉第用气泵将空气压进瓶子。按压20次气泵后，法拉第关闭了瓶子的阀门，并将瓶子再一次置于天平的托盘上，此时，天平倾斜了。（图5.2）

　　"天平上放置瓶子的一端下降了很多。这是为什么呢？因为

图5.2

我用气泵向瓶子压进了一些空气。我们来确认一下压进瓶子的空气有多重吧。"法拉第将一个装满水的玻璃容器与压入了空气的瓶子连在一起。

压进瓶子的空气转移到了玻璃容器中。法拉第又一次将瓶子置于天平的托盘上,天平恢复平衡了。(图5.3)天平倾斜时瓶子的重量与恢复平衡时瓶子的重量之差便是压进瓶子中空气的重量。

"我试着计算了一下这个报告厅中的空气重量。各位可能想象不到,这个报告厅中的空气重量竟然超过了1吨。"

"蜡烛的科学"讲座在巨大的半圆形阶梯报告厅中举办,约900名听众到场。由于报告厅的空间非常大,所以这里的空气重量超过了1吨。顺便说一下,一般小学教室的长、宽、高分别约为7米、9米、3米,体积约为189立方米,教室中的空气重量约为244千克。

图5.3

法拉第继续做实验。"我们还要使用气泵。这个气泵与刚才我在实验中使用的气泵差不多。现在，我的手可以在空气中自如地挥动，要想让手感受到空气的阻力，我必须将手挥动得特别快。

"我将手放在玻璃管口上，然后用气泵抽出玻璃管里的空气。会发生什么呢？我的手被紧紧吸住了。我的手被紧紧吸在玻璃管口上无法移动。各位请看，我无法把手从玻璃管口上拿开。（图5.4）这是为什么呢？

"这是我手背上空气的重量形成的压力导致的。为了让大家更好地理解这一点，我们再做一个实验。"法拉第拿出一张半透明的薄膜，把它盖在玻璃管口上。这张薄膜是动物的膀胱膜，在塑料还没有被发明出来的年代，科学家们做这类气体压力的实验时经常使用这种薄膜。

图 5.4

　　在法拉第用气泵抽出玻璃管中空气的过程中，原本平坦的薄膜凹陷了。薄膜凹陷的程度越来越大，最终，伴随着巨大的声响，薄膜破了。（图5.5）

　　法拉第将五个立方体积木摞起来，讲道："薄膜承受不了空气的压力，被压破了。空气就像这五个立方体一样，是摞在一起的。上面的四个立方体全部压在最下面的立方体上。如果撤掉最下面的立方体，上面的四个立方体就会掉下来。（图5.6）空气也一样，上面的空气压着下面的空气。我用气泵抽走下面的空气后，上面的空气全部压在了手上或薄膜上，覆盖在管口的手挪不开了，玻璃管上的薄膜破裂了。"

　　不是玻璃管将手或薄膜向下吸，而是玻璃管上方的空气将手或薄膜向下压。法拉第指出，这种现象是"上方空气强大的压力"导致的。

图5.5　　　　　　　　图5.6

感受空气的压力

法拉第拿起一个吸盘，说道："这是我用小朋友的玩具改装的实验道具。今天，我们将从科学的角度研究这个玩具。将吸盘压在桌面上，吸盘吸住了桌面。为什么会这样呢？"

随后，法拉第让吸盘在桌面上滑动。"吸盘可以滑来滑去，但是我如果向上提吸盘，感觉桌子也会被提起来。我只有将吸盘滑到桌面边缘，才能把吸盘取下来。这是因为上方的空气压在了吸盘上。

"接下来，我为大家演示一个可以在家做的实验。这里有一个装满水的杯子。假如我让各位将这个杯子倒过来，同时不让水洒出来。各位会怎么做呢？不能用手盖住杯口，但可以利用空气的压力防止水洒出来。怎么样？各位能做到吗？"

法拉第将一张卡片放在装满水的杯子上，用手按住卡片，然后把杯子倒过来，松开按住卡片的手，此时，水没有洒出来。（图5.7）这是因为杯子外面的空气产生的压力托住了卡片。

"我再为大家演示一个关于空气压力的实验。这是一个空气枪的实验。准备细纸筒或芦苇茎之类的细管。将土豆切成片，如果没有土豆也可以用苹果。将细管插穿土豆片，一颗土豆子弹就制成了，将土豆子弹塞到细管的一端。再制作另一颗土豆子弹，然后将这颗土豆子弹塞到细管的另一端。如此一来，我们就将一些空气封闭在细管中了。"法拉第把细管一端的土豆子弹推向另

图 5.7　将卡片放在装满水的杯子上，用手按住卡片，然后把杯子倒过来，松开按住卡片的手后，卡片在空气压力的作用下没有掉下去，水也没有洒出来

一端。另一端的土豆子弹嗖的一声飞了出去。

"无论使多大的劲，我们都无法让这两颗小小的土豆子弹挨在一起。它们绝对不可能紧紧挨在一起。我们可以在一定程度上挤压细管内的空气，但如果我们继续推动土豆子弹挤压空气，在其中一颗土豆子弹挨上另一颗土豆子弹前，封闭在细管中的空气就会像火药一样将另一颗土豆子弹推出去。实际上，火药的原理和空气枪的原理是一样的。"

我们也可以用吸管轻松做出法拉第演示的这个实验。（见实验七）

‖TRY7‖ 实验七 吸管枪

空气的压力可以推动用土豆子弹。虽然空气能被压缩，但它有恢复原状的趋势。

◆ **实验用品（图 5.8a）**
粗吸管、细吸管、菜刀、砧板、
土豆（或苹果）
*最好使用管壁比较硬的吸管。

图 5.8a

◆ **实验步骤**
1. 将土豆切成约 1 厘米厚的薄片。
2. 将 7 ～ 8 厘米长的粗吸管插穿土豆片。（图 5.8b）将吸管拔出来，用土豆子弹塞住粗吸管的一端。（图 5.8c）
3. 重复步骤 2，用土豆子弹堵住粗吸管的另一端。（图 5.8d 和图 5.8e）
4. 用细吸管推粗吸管任一端的土豆子弹。（图 5.8f ～ 5.8j）

图 5.8b

图 5.8c

图 5.8d

图 5.8e

110

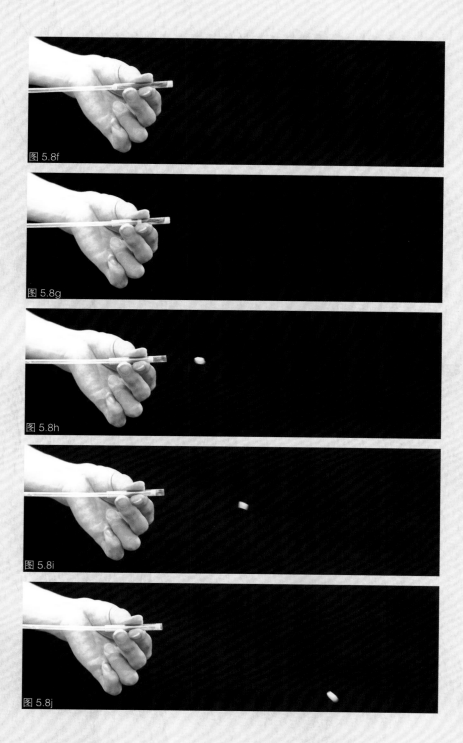

图 5.8f

图 5.8g

图 5.8h

图 5.8i

图 5.8j

空气的弹性

"在实验中，将细管一端的土豆子弹向另一端推大约 1/2 ~ 2/3 英寸（约 1.3 ~ 1.7 厘米），便可以把另一端的土豆子弹推出去，这是因为空气具有弹性。我为了测量空气的重量用气泵向铜质的瓶子压进空气时，空气的弹性也发挥了作用。"

法拉第开始讲解空气的一些不可思议的性质。

"首先，找一个可以把空气密封起来的道具。我们可以使用动物膀胱。动物膀胱可以自由伸缩，很适合用来验证空气是否具有弹性。将少许空气密封在这个动物膀胱里，将动物膀胱放入玻璃容器。（图 5.9）然后，用气泵抽出玻璃容器中的空气，可以看到，动物膀胱逐渐变大，最后充满整个玻璃容器。（图 5.10）现在，各位都能理解空气的弹性，即空气既可以压缩，也可以膨胀了吧。"

如今，利用空气的弹性制成的空气弹簧已经应用于工业制造和机械减震等各个方面。汽车轮胎就是利用了空气具有弹性这一性质制成的。

空气具有弹性是由于空气中存在氮气和氧气等气体分子，因此，无论对空气施加多大的压力，空气的体积都绝对不会变为零。

图 5.9 用气球代替法拉第实验中的动物膀胱,将气球放入玻璃容器,气球的大小不会发生变化

图 5.10 抽出玻璃容器中的空气,气球逐渐变大,最后充满整个玻璃容器

蜡烛燃烧产生的另一种气体

通过各种实验证明了空气具有重量与弹性后，法拉第开始讲解下一个话题。

"我们来说一说另一个非常重要的内容。蜡烛燃烧产生了各种各样的物质。我们只确认了蜡烛燃烧的产物中有碳颗粒和水，却没有继续研究产物中的其他物质。因为我们只收集到了水和碳颗粒，产物中的其他物质都跑到空气中去了。接下来，我们就来研究那些跑到空气中的产物。"

法拉第用玻璃容器只罩住点燃的大蜡烛的上半部分，空气可以从玻璃容器下方进入容器。玻璃容器的上方有一个排气口。

"容器内壁起雾了。正如各位所知，这是蜡烛中的氢元素与空气中的氧气结合产生的水。除此之外，还有某种物质从容器上方的排气口跑了出去，这种气体不会使容器内壁起雾。"

法拉第拿起另一根点燃的小蜡烛靠近排气口，（图 5.11）火焰熄灭了。"各位一定认为这是理所当然的。因为空气中的氧气已经被耗尽了，只剩下氮气。冒出来的气体是氮气，蜡烛在氮气中无法燃烧。但是，气体中除了氮气就没有其他物质了吗？"

法拉第拿出一个空瓶子，将它罩在了玻璃容器的排气口上。虽然用肉眼看不到蜡烛燃烧产生的气体，但这些气体应该都被收集在瓶子里了。

图 5.11 用点燃的小蜡烛靠近大蜡烛燃烧产生的气体后，小蜡烛的火焰熄灭了

"现在，我们取少许生石灰放入一个玻璃容器，加水，搅拌，然后用滤纸过滤溶液，得到澄清的液体。（图5.12）这种澄清的液体是石灰水。接下来，我们将少量的澄清石灰水倒入装有蜡烛燃烧产生的气体的瓶子，会产生什么现象呢？"澄清石灰水转眼就变得又白又浑浊了。（图5.13）

"这里有一个装满空气的玻璃瓶，倒入澄清石灰水后，澄清石灰水没有发生任何变化。不管是氧气还是氮气，都不会使澄清石灰水发生变化，石灰水仍保持澄清的状态。但是，蜡烛燃烧产生的气体能使澄清石灰水瞬间变浑浊，并产生白色沉淀。"

澄清石灰水与空气混合没有发生任何变化，与蜡烛燃烧产生的气体混合却生成了白色沉淀。法拉第告诉听众，白色沉淀与他手中的粉笔是同一种物质。

图5.12　在装有生石灰的容器中加水，充分搅拌后，用滤纸过滤该溶液，制成无色澄清的石灰水

图5.13　蜡烛燃烧产生的气体与澄清石灰水混合后，石灰水变浑浊了

"这种气体藏在许多大家意想不到的地方。蜡烛燃烧产生的这种气体是二氧化碳。石灰石中有大量二氧化碳。贝壳、珊瑚以及粉笔等物质中都有大量二氧化碳。二氧化碳仿佛被固定在了这些像石头一样的物质中。"

在粉笔、大理石等物质（图5.14）中，二氧化碳不是以气体的状态存在的，而是与其他元素结合，变成了固体。英国科学家约瑟夫·布莱克（1728—1799年）将这种可以被固定在固体里的气体命名为固定气体。

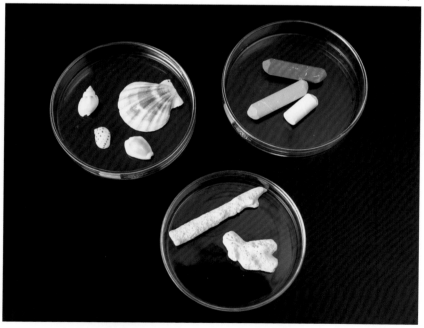

图5.14 贝壳、珊瑚的主要成分是石灰石。粉笔也是用石灰石制成的（现在的粉笔都是用石膏制成的，石膏的化学式为 $CaSO_4 \cdot 2H_2O$）

"我们可以提取出固定在大理石中的二氧化碳。向玻璃瓶中加少许盐酸，然后将大理石的碎片放到瓶中。"

法拉第把大理石的碎片放入装有盐酸的玻璃瓶后，瓶内不断有气泡冒出。（图5.15）

"瓶内产生的气体就是二氧化碳。我们再做一个实验来研究二氧化碳的性质。这个玻璃瓶中充满了二氧化碳。我们就像之前研究氧气、氢气和氮气等气体一样，研究二氧化碳和燃烧的关系。将燃烧的蜡烛放入容器，会发生什么现象呢？"蜡烛的火焰熄灭了。二氧化碳没有燃烧，也不能助燃。

"这种气体可以在水中被收集起来，说明它不易溶于水。我们知道二氧化碳能使澄清石灰水变浑浊，且产生白色沉淀。白色

图5.15 将大理石碎片放到盐酸中后，产生了二氧化碳。少量二氧化碳可以溶于水

沉淀就是由二氧化碳和其他物质反应生成的碳酸钙，碳酸钙是石灰石的主要成分。

"接下来，我想为各位做一个关于二氧化碳能溶于水的实验。在溶于水这一点上，二氧化碳与氧气、氮气都不同。"

法拉第向听众展示了一个能向水中不断通入二氧化碳的装置。"各位可以看到，气泡在水中不断上升。这个装置已经这样放置了一整晚，应该已经有一部分二氧化碳溶解在水里了。我来尝尝溶液的味道，溶液微酸。此时，我们如果在溶液里加少量澄清石灰水，就可以验证水中是否存在二氧化碳了。现在，我们在溶液里加澄清石灰水，溶液变浑浊了，这证明水中的确有二氧化碳。"（图5.16）

图 5.16　向溶液中加一些澄清石灰水，溶液会变浑浊，并产生白色沉淀。溶液之所以有酸味，是因为二氧化碳溶解在水中产生的碳酸有酸味

‖ TRY8 ‖ 实验八 使澄清石灰水变浑浊

在家也可以轻松制出石灰水。不过，在做实验时一定要小心，不要让石灰水溅到眼睛里，也不要用手直接触碰石灰水。

◆ 实验用品（图 5.17a）
海苔等食品附带的石灰干燥剂（包装上标有生石灰或 CaO）、空的矿泉水瓶、苏打水

* 不要直接用手触碰石灰干燥剂内的物质。

图 5.17a

◆ 实验步骤

1. 将石灰干燥剂内的白色颗粒放到空的矿泉水瓶中，不要用手直接触碰这些白色颗粒，然后向瓶内加水，拧紧瓶盖，摇匀。（图 5.17b）

2. 静置矿泉水瓶至瓶内白色浑浊液体变透明。（图 5.17c）

3. 将澄清的液体（石灰水）转移到透明玻璃杯中，并加入苏打水。（图 5.17d 和图 5.16e）

4. 溶液变浑浊后，继续加碳酸水。（图 5.17f 和图 5.17g）

* 石灰水为强碱性溶液，如果溅到眼睛里是很危险的。若手不小心接触了溶液，应立即洗手。
* 较新的石灰干燥剂内的白色颗粒溶解在水中会发热。

图 5.17b

图 5.17c

图 5.17d

图 5.17e

图 5.17f

图 5.17g

法拉第将苏打水倒入澄清石灰水，澄清石灰水变浑浊了，并产生了白色沉淀，向浑浊的石灰水中继续加苏打水后，石灰水逐渐变澄清。

石灰水是氢氧化钙溶液。氢氧化钙与二氧化碳反应产生碳酸钙。碳酸钙是贝壳、珊瑚和粉笔等的主要成分。碳酸钙不溶于水，因此原本澄清的石灰水变浑浊了。

$$Ca(OH)_2 + CO_2 = CaCO_3\downarrow + H_2O$$
氢氧化钙　　二氧化碳　　　碳酸钙　　　　水

碳酸钙与二氧化碳和水反应产生碳酸氢钙。碳酸氢钙可以溶于水。因此，碳酸钙使石灰水变浑浊，继续向溶液中倒苏打水后，碳酸钙发生化学反应生成了碳酸氢钙，溶液又变澄清了。

$$CaCO_3 + CO_2 + H_2O = Ca(HCO_3)_2$$
碳酸钙　　二氧化碳　　水　　　　碳酸氢钙

这个反应是可逆的，即碳酸氢钙也可以分解成碳酸钙、二氧化碳和水。如果溶解了二氧化碳的雨水渗进石灰岩，二氧化碳、水和石灰岩的主要成分碳酸钙就会反应，产生碳酸氢钙。碳酸氢钙随雨水渗入岩石缝隙，从洞穴的顶部滴下来。碳酸氢钙分解后又产生碳酸钙，长年累月便形成了钟乳石。

二氧化碳的重量

二氧化碳的密度比氢气、氮气和氧气的密度大。法拉第将前几场讲座中研究过的几种气体的密度列在下面表格（左）里。最右侧的表格是使用现代技术测量出的比较准确的气体密度（数值保留小数点后两位数）。

▶ 法拉第列出的各种气体密度

	每品脱气体的重量（格令）	每立方英尺的气体的重量（盎司）
氢气 …………	$\frac{3}{4}$	$\frac{1}{12}$
氧气 …………	$11\frac{9}{10}$	$1\frac{1}{3}$
氮气 …………	$10\frac{4}{10}$	$1\frac{1}{6}$
空气 …………	$10\frac{7}{10}$	$1\frac{1}{5}$
二氧化碳 …………	$16\frac{1}{3}$	$1\frac{9}{10}$

用现代技术测量出的气体密度

每升空气中包含的气体重量（克）
0.09
1.43
1.25
1.29
1.96

"通过实验我们可以知道，二氧化碳是一种比较重的气体。如果将装有二氧化碳的玻璃容器倾斜着倒置在装有空气的玻璃容器口上方，二氧化碳就会跑进下方的容器。从外观上我们看不出二氧化碳是否转移到了下方的容器中。现在，我们把蜡烛放进去。蜡烛熄灭了。（图 5.18）这说明下方的玻璃容器中充满了二氧化碳。另外，用澄清石灰水也能证明容器里有二氧化碳。"

图 5.18　将燃烧着的蜡烛放在装有二氧化碳的玻璃容器中，蜡烛熄灭了

接着，法拉第又演示了用天平测量空气与二氧化碳的重量之差的实验。

下面是这场讲座的最后一个实验。

"我们来制造肥皂泡，肥皂泡中充满了空气，它能在装有二氧化碳的容器中飘浮起来。我们来试试吧。"肥皂泡在空气中会向下落，但在二氧化碳中会飘浮着。（图 5.19）由此可知，二氧化碳比空气重。

"我已经讲了不少关于二氧化碳的内容。我们知道了二氧化碳的物理性质、二氧化碳的重量以及蜡烛燃烧能产生二氧化碳等等。在下一场讲座中，我将为大家讲一讲二氧化碳中的元素以及二氧化碳中的元素从何而来。"

第五场讲座到此结束。

▶ 通过第五讲学习到的内容

空气的特性	二氧化碳的特性
❶ 包含约 80% 的氮气和约 20% 的氧气 ❷ 具有重量，空气能产生压力 ❸ 具有弹性	❶ 蜡烛燃烧的产物 ❷ 不可燃也不助燃 ❸ 被固定在大理石和粉笔等物质中，并可以通过将这些物质与强酸进行反应获得 ❹ 使澄清石灰水变浑浊 ❺ 比空气重

图 5.19　充满空气的肥皂泡在装有二氧化碳的容器中，不会落到容器底部，会一直飘浮着

传播科学

法拉第是一位出色的科学家，他一直致力于传播科学，并为此不断努力。法拉第是这样说的："科学对科学家们而言拥有无与伦比的吸引力，可遗憾的是，对普通人来说，假如无法让他们看到科学这条道路上的繁花，他们连一个小时都不愿付出。"因此，为了引起普通人对科学的兴趣，法拉第竭尽全力。"要沉下心来并放慢讲解的速度，演讲者必须用流畅且浅显易懂的话说出想要表达的内容，同时还要使用最贴切的文字与表达方式。假如听众很难理解讲座内容，便会产生倦怠、不感兴趣或不耐烦等情绪。"在法拉第讲解的过程中，助手安德森一直举着写有"放慢速度"和"时间"的卡片，视情况提示法拉第。

法拉第演示了非常多的实验，因为法拉第认为："无论什么事情，都不能默认听众肯定知道，要让他们在听的同时还能看到实验现象。"

法拉第虽然在传播科学方面如此精益求精，但对世俗功名漠不关心。也正因为如此，法拉第才能在现代社会也成为受人崇拜的偶像。

第六讲

呼吸与蜡烛燃烧

CARBON OR CHARCOAL — COAL GAS — RESPIRATION AND
ITS ANALOGY TO THE BURNING OF A CANDLE — CONCLUSION

日式蜡烛

"蜡烛的科学"最后一场讲座开始了。法拉第拿起两根美丽的蜡烛开始进行讲解。

"来听讲座的一位女士非常热情地送给了我这两根蜡烛。这是日本生产的蜡烛（图6.1）。如各位所见，这两根蜡烛上的装饰比法国生产的蜡烛多，看起来美极了。这种日式蜡烛有一个值得关注的特征，那便是这种蜡烛是中空的。"

这种蜡烛的空气流动性好，更容易完全燃烧。日式蜡烛以野

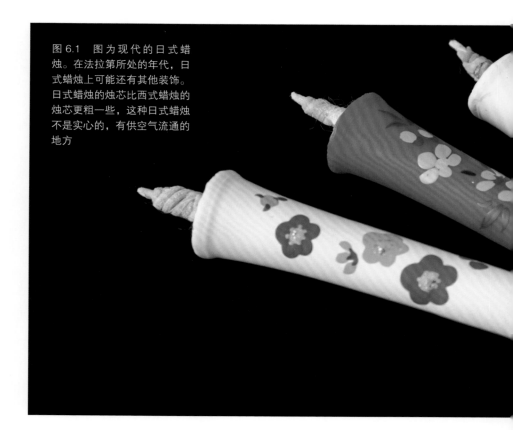

图6.1　图为现代的日式蜡烛。在法拉第所处的年代，日式蜡烛上可能还有其他装饰。日式蜡烛的烛芯比西式蜡烛的烛芯更粗一些，这种日式蜡烛不是实心的，有供空气流通的地方

漆树的果实为原料，人们把用和纸制成的烛芯缠在木签、竹签或铁签上，然后反复将液态蜡均匀涂抹在烛芯上，最后制成了这种蜡烛。

　　"在上一场讲座中，我讲了关于二氧化碳的许多内容，还用澄清石灰水检验是否存在二氧化碳。将蜡烛燃烧产生的气体通入澄清石灰水，澄清石灰水会变浑浊，并产生白色沉淀。白色沉淀是贝壳、珊瑚以及石灰石等物质的主要成分。二氧化碳的化学性质我还没有为各位详细介绍。这次，我就来详细地讲一讲二氧化碳的化学性质。"

通过之前的讲座，我们知道了蜡烛燃烧能产生水。水中有氢和氧两种元素。这次，法拉第要通过实验研究二氧化碳中有什么元素。

"各位应该都还记得蜡烛在不完全燃烧时会产生黑烟，黑烟其实就是碳颗粒，蜡烛在充分燃烧时是不会产生碳颗粒的。蜡烛的火焰之所以明亮，是因为蜡烛燃烧的产物中有碳颗粒。接下来，我想向大家证明碳颗粒只要被点燃，就会发出美丽的光，不再以黑色固体的形式存在。"

法拉第点燃了吸满松节油的天然海绵，此时，有黑烟升起。（图 6.2 和图 6.3）

图 6.2　天然海绵是将栖息在大海中的海绵经过反复清洗、晾晒后制成的。海绵不像贝类有坚硬的外壳，它通过吸收海水中的氧气、有机物、浮游生物获得生存的养料

图 6.3　将浸满松节油的天然海绵点燃后有黑烟升起，这是因为氧气不足，天然海绵里的松节油没有完全燃烧

　　"可以看到，有大量的黑烟升起了。将点燃的天然海绵放入装有氧气的玻璃瓶。各位请看，天然海绵不再冒黑烟了。天然海绵因在空气中不充分燃烧而产生黑烟，这里的黑烟就是碳颗粒。天然海绵在氧气中可以充分燃烧。（图6.4）通过如此简单的实验，我们得到了与蜡烛燃烧的实验相同的结论。我为各位演示这些实验的原因是希望能减少理论论证，让各位在得出结论的过程中不感到迷茫。

　　"碳在氧气和空气中燃烧产生二氧化碳，但在不燃烧的时候，就一直以固体的状态存在。当氧气充足时，碳充分燃烧，产生明亮的火焰，生成二氧化碳；当氧气不充足时，碳不充分燃烧，冒出黑烟，不生成二氧化碳。"

图6.4　将燃烧着的、冒着黑烟的天然海绵放在充满氧气的玻璃瓶中后，天然海绵不再冒黑烟了。充足的氧气使碳可以完全燃烧

二氧化碳的性质

碳与氧气结合生成二氧化碳。为了说明这一点，法拉第用木炭做了一个实验。木炭是火灼烤木材的产物，木炭中几乎只有碳。

法拉第将木炭粉末放在用火炉烧灼过的坩埚中，粉末变红了。之后法拉第又将变红的粉末放入装有氧气的玻璃容器，粉末开始燃烧并产生明亮的火焰。（图6.5）"大家如果在稍远的地方观察，可能觉得木炭粉末燃烧时产生了一团火焰，实则不然。每一粒小小的木炭颗粒在燃烧时都产生了火光，并生成了二氧化碳。"

图6.5　将木炭粉末放在烧灼过的坩埚中，粉末变红了。再将粉末放入装有氧气的玻璃容器，粉末开始燃烧并产生明亮的火焰

接着，法拉第将木炭粉末放在一边，点燃了一小块木炭。木炭的局部开始燃烧，并产生了火花，但未产生火焰。（图6.6）将木炭燃烧产生的气体通入澄清石灰水后，澄清石灰水变浑浊了，并产生白色沉淀。由此可知，木炭燃烧产生了二氧化碳。

"按重量取6份碳与16份氧气，然后在氧气中点燃碳，可以得到22份二氧化碳。22份二氧化碳与28份生石灰反应，可生成50份碳酸钙。通过分析牡蛎壳的成分我们可以发现，每50份牡蛎壳都是由6份碳、16份氧气、28份生石灰组成的。"

图6.6　木炭在燃烧时会变红，但不会产生火焰。木炭相当于碳的聚集体，点燃后，木炭不会像木材那样产生火焰

▶ 现代元素周期表与二氧化碳等物质的分子结构

二氧化碳

碳酸钙（石灰石）

氧化钙（生石灰）

1 H 1.008																	2 He 4.003
3 Li 6.941	4 Be 9.012											5 B 10.81	6 C 12.01	7 N 14.01	8 O 16	9 F 19	10 Ne 20.18
11 Na 22.99	12 Mg 24.31											13 Al 26.98	14 Si 28.09	15 P 30.97	16 S 32.07	17 Cl 35.45	18 Ar 39.95
19 K 39.1	20 Ca 40.08	21 Sc 44.96	22 Ti 47.87	23 V 50.94	24 Cr 52	25 Mn 54.94	26 Fe 55.85	27 Co 58.93	28 Ni 58.69	29 Cu 63.55	30 Zn 65.38	31 Ga 69.72	32 Ge 72.63	33 As 74.92	34 Se 78.97	35 Br 79.9	36 Kr 83.8
37 Rb 85.47	38 Sr 87.62	39 Y 88.91	40 Zr 91.22	41 Nb 92.91	42 Mo 95.95	43 Tc [99]	44 Ru 101.1	45 Rh 102.9	46 Pd 106.4	47 Ag 107.9	48 Cd 112.4	49 In 114.8	50 Sn 118.7	51 Sb 121.8	52 Te 127.6	53 I 126.9	54 Xe 131.3
55 Cs 132.9	56 Ba 137.3	57 〜 71	72 Hf 178.5	73 Ta 180.9	74 W 183.8	75 Re 186.2	76 Os 190.2	77 Ir 192.2	78 Pt 195.1	79 Au 197	80 Hg 200.6	81 Tl 204.4	82 Pb 207.2	83 Bi 209	84 Po [210]	85 At [210]	86 Rn [222]
87 Fr [223]	88 Ra [226]	89 〜 103	104 Rf [267]	105 Db [268]	106 Sg [271]	107 Bh [272]	108 Hs [277]	109 Mt [276]	110 Ds [281]	111 Rg [280]	112 Cn [285]	113 Nh [278]	114 Fl [289]	115 Mc [289]	116 Lv [293]	117 Ts [293]	118 Og [294]

＊元素周期表是俄国化学家门捷列夫在 1869 年发表的化学元素列表。之后不断有科学家加入新发现的元素，最终形成上面的表格。

＊元素符号上方的数字是元素序号，下方的数字是相对原子质量。在法拉第所处的年代，人们对分子和原子的了解还不是很透彻，我们可以按照这个表确认第 133 页中提到的份数是否准确。

"接下来，我们继续研究二氧化碳。各位请看，木炭在装有氧气的玻璃容器中安静地燃烧，并逐渐消失。我们可以说木炭变成气体跑到周围的空气中了。假如木炭中只有碳，那么，木炭燃烧后就不会留下任何固体。碳颗粒受热不会汽化，而会直接燃烧，产生气体。产生的气体通常不会凝结成液体，也不会变成固体。"

木炭在氧气中燃烧能产生二氧化碳。在现代，我们经常可以看到固态的二氧化碳，固态的二氧化碳俗称干冰。

"更奇妙的是，碳与氧气反应生成二氧化碳，反应前后，气体体积不变。我们再来看另一个实验。二氧化碳是碳与氧气反应产生的化合物，二氧化碳通过一定方法可以分解出碳。"

法拉第选择了一种最简单的方式——用能与二氧化碳反应并夺走氧元素的物质与二氧化碳反应，将碳还原出来。

"各位应该还记得，之前我们用钾证明了水中有氢元素和氧元素。钾可以从水中夺走氧元素。我们用同样的方法，用钾和二氧化碳反应试试。"

法拉第准备了一个充满二氧化碳的玻璃容器。"我们用正在燃烧的磷判断这里面是否有二氧化碳吧。磷是非常易燃的物质，能在空气中自燃，并产生火焰，但我们将正在燃烧的磷放入充满二氧化碳的容器后，火焰熄灭了。当我们从容器中取出不再燃烧的磷后，磷又开始燃烧。由此可以确认，玻璃容器中充满了二氧化碳，没有氧气。"

随后，法拉第拿出一小块钾，在空气中将它点燃。"现在，我们将点燃的钾放入玻璃容器。如各位所见，钾能在二氧化碳中燃烧，它正在夺走二氧化碳中的氧元素。然后，我们将燃烧后剩下的固体放到水中。"水中出现了黑色粉末。"这是钾从二氧化碳中还原出来的碳，碳通常以黑色固体的形式存在。这个实验充分证明了二氧化碳中有氧元素与碳元素。碳燃烧一般产生二氧化碳。"

接着，法拉第把一块木片直接放到装有澄清石灰水的玻璃瓶中。"不管怎么摇晃玻璃瓶，瓶里的溶液始终澄清。现在，我们将木片点燃，放进玻璃瓶。木片燃烧能产生二氧化碳吗？产生了。确切地讲，溶液中的白色沉淀是碳酸钙，碳酸钙是由二氧化碳和澄清石灰水反应产生的，二氧化碳是由碳和氧气反应产生的，而木头或蜡等物质不充分燃烧可以产生碳颗粒。"

法拉第拿出了另一个玻璃瓶。这个玻璃瓶中有一种无色透明的气体。"含碳元素的物质不一定以木炭这样的形式存在。比如蜡中有碳元素，但蜡与木炭是两种完全不同的物质。再比如这个玻璃瓶中的气体是煤气，它燃烧也能产生大量的二氧化碳，但我们看不到碳颗粒或任何固体。现在我们让碳元素变得可见。点燃这个玻璃瓶中的气体，瓶中的煤气开始燃烧。我们虽然看不见碳元素，但可以看到非常明亮的火焰（图6.7）。我们可以想象，火焰中有碳颗粒正在燃烧。"

　　碳颗粒在燃烧时不会汽化，因此能产生十分明亮的火焰。煤气在燃烧时产生了明亮的火焰，这可以证明煤气中有碳元素。

图6.7　将木炭粉末吹向煤气喷灯，木炭粉末燃烧并产生火花，燃烧后没有固体剩余

燃烧后消失的碳

　　法拉第认为中断讲座会降低听众对讲座的兴趣，于是法拉第
继续讲道："各位看到了，含碳元素的物质能以固体的状态燃烧，
但燃烧产物不是固体。这样的燃料非常少，据我所知，煤、木炭
以及木材等含碳元素的物质（图 6.8）都是这样燃烧的，除此之
外没有其他物质能像含碳元素的物质这样燃烧。

图 6.8　煤、木炭、木材中皆有碳元素。它们燃烧后会完全消失，或留下少量的灰烬

"假如碳不这样燃烧，会发生什么呢？如果所有燃料都像铁那样在燃烧时产生固体，使用这样的燃料就非常不方便。"

如果燃料燃烧产生固体，我们就必须经常将燃烧产生的固体取出来，非常麻烦。法拉第拿出一支装有铅粉的试管，将一部分铅粉倒在一块铁板上。铅与空气接触后立刻开始燃烧。

"我这里还有另一种燃料，它像碳一样容易燃烧。正如各位所见，它一接触空气就开始燃烧。这种物质就是铅，铅粉内部有许多细小的空隙，因此空气不仅能接触铅粉的表面，还能进到它的内部。但是，一整块铅不能燃烧，因为空气无法进到铅块的内部。铅燃烧时放出大量的热，很适合作为壁炉和锅炉的燃料，但是铅的燃烧产物会附着在未燃烧的铅上。如此一来，尚未燃烧的铅接触不到空气，也就无法燃烧了。这和碳燃烧的情况太不一样了。"

物质燃烧需要空气中的氧气。含碳元素的固体燃料燃烧时，尚未燃烧的部分总能接触到氧气，含碳元素的燃料在燃尽前会一直保持这个状态。（图 6.9）

法拉第把在试管中的铅粉全部倒在了铁板上，再将铅粉的燃烧产物全部收集到试管里，但试管装不下铅粉燃烧的产物。由此可知，铅粉燃烧产物的体积比燃烧前铅粉的体积更大。"我们如果用铁当燃料，就很难获得光和热。磷的燃烧产物是固体，会使房间里全是灰。"现在大家都明白为什么含碳元素的物质最合适当燃料了吧。

图 6.9　选择含有大量碳元素的木材当燃料是有原因的

▶ 三种物质的燃烧产物对比

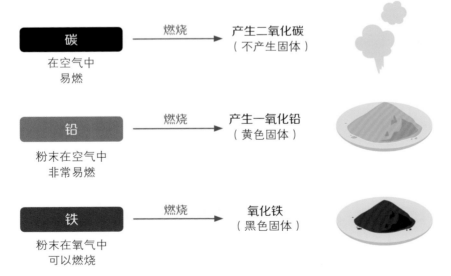

| 碳 | 燃烧 → | 产生二氧化碳（不产生固体） |
| 在空气中易燃 | | |

| 铅 | 燃烧 → | 产生一氧化铅（黄色固体） |
| 粉末在空气中非常易燃 | | |

| 铁 | 燃烧 → | 氧化铁（黑色固体） |
| 粉末在氧气中可以燃烧 | | |

"接下来，我想讲一讲蜡烛燃烧与我们体内正在发生的反应之间的关系。在我们的体内正发生着与蜡烛燃烧非常相似的燃烧反应。将人的生命比作蜡烛并非只是一种文艺的表达方式。"

蜡烛燃烧与我们体内正在发生的燃烧反应有什么关系呢？法拉第通过实验解释了二者之间的关系。

"这里有一块表面挖了一道凹槽的板子。我们把凹槽盖上，但不要将凹槽全部盖上，在凹槽的两端分别留一个口，这样就制成了一条通道。在凹槽两端各放一根玻璃管，其中一根玻璃管的一端是封住的。将一根点燃的蜡烛放在一端被封住的玻璃管中。如各位所见，蜡烛持续燃烧。（图 6.10）蜡烛燃烧所需的空气从

图 6.10

没有蜡烛的玻璃管进到有蜡烛的玻璃管中。我们将没有蜡烛的玻璃管管口盖住后，蜡烛熄灭了。蜡烛熄灭是因为我们断绝了空气的供应。大家觉得为什么会发生这一现象呢？"法拉第让听众回想之前做过的用蜡烛燃烧产生的二氧化碳熄灭蜡烛火焰的实验。

"如果我将蜡烛燃烧产生的气体通入没有蜡烛的玻璃管，那么另一根玻璃管中正在燃烧的蜡烛会熄灭。但是，如果我说我呼出的气体可以熄灭蜡烛，各位相信吗？我指的不是吹灭蜡烛，而是蜡烛在我呼出的气体中无法继续燃烧。"

法拉第向没有蜡烛的玻璃管中缓缓呼气，不一会儿，蜡烛熄灭[8]了。（图 6.11）蜡烛的火焰没有晃动，因此它不是被吹灭的。

图 6.11

8 实际上，蜡烛的火焰会变小。在该实验中，蜡烛不会直接熄灭。——编者注

"蜡烛因为氧气不足而熄灭了。我们在呼吸的过程中，肺会吸入空气中的氧气。因此，在我们呼出的气体中，氧气的量不足以支持蜡烛继续燃烧。但是，我呼出的气体进入有蜡烛的玻璃管需要一定时间，因此，蜡烛一开始继续燃烧，当我呼出的气体进入有蜡烛的玻璃管后，蜡烛便熄灭了。这一点在我们的研究中非常重要，接下来，我想让各位再看一个实验。"

法拉第准备了一个没有底的玻璃容器。（图6.12）玻璃容器口塞着一个插有玻璃管的软木塞。

"这个容器中有新鲜空气。现在我先将这个容器中的空气吸入体内，再将呼出的气体吹到瓶中。请各位仔细看。

"我将空气吸入体内后呼出。各位应该都看到了，在容器内，水面先上升，后下降。（图6.13和图6.14）现在，我们把点燃的蜡烛放进容器，蜡烛熄灭了。（图6.15）各位应该明白了，容器里面的空气发生了变化。仅在一次呼吸后，容器内的氧气量就不能支持蜡烛继续燃烧了。"

通过这个实验可知，仅仅一次呼吸就能消耗许多氧气，增加大量二氧化碳。

图 6.12

图 6.13

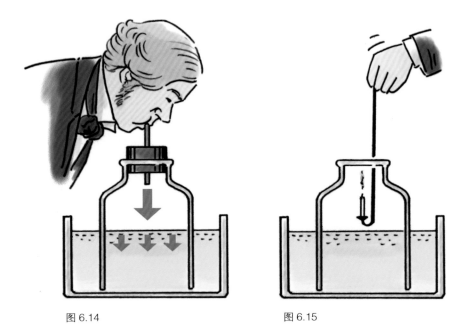

图 6.14

图 6.15

"为了进一步弄清楚呼吸产生了什么气体，我们用澄清石灰水来检验一下。这个锥形瓶中有澄清石灰水，瓶口的塞子上插着两根玻璃管。其中长的玻璃管管口没入澄清石灰水，短的玻璃管管口没有没入澄清石灰水。"（图 4.16）

法拉第先用短的玻璃管吸入空气。锥形瓶外的空气顺着长玻璃管通过澄清石灰水被法拉第吸到体内。澄清石灰水没有发生任何变化。（图 4.17）

随后，法拉第用长玻璃管呼气。（图 4.18）呼了几次气之后，澄清石灰水变浑浊了。（图 4.19 和图 4.20）"现在各位应该知道了吧，我呼出了大量的二氧化碳，证据就是澄清石灰水变浑浊了，这是澄清石灰水与二氧化碳反应发生的现象。"

图 4.16　图为装有澄清石灰水的锥形瓶。右侧的吸管（用吸管代替法拉弟提到的玻璃管）管口没入澄清石灰水，左侧的吸管管口没有没入澄清石灰水

图 4.17　用左侧的吸管吸入空气。烧瓶外的空气从右侧的吸管通过澄清石灰水被吸入人体。澄清石灰水没有变浑浊

图 4.18　用右侧的吸管呼气。呼出的气体通过澄清石灰水，通过左侧的吸管跑出去

图 4.19　不断呼气，澄清石灰水逐渐变浑浊，并产生白色沉淀

图 4.20　呼出的气体中含有较多二氧化碳，是二氧化碳使澄清石灰水变浑浊了

我们与蜡烛

现在，我们已经知道在我们呼出的气体中有较多的二氧化碳。在空气中，二氧化碳的含量约为 0.03%，而在我们呼出的气体中，二氧化碳的含量约为 4%，氮气的含量在呼吸前后不变。由此可知，在我们吸入的氧气中，约 1/5 的氧气在我们体内转化成了二氧化碳。

"吸入含 20% 氧气的空气，然后呼出含有较多二氧化碳的气体，这一连续活动始终在我们体内进行着。如果这一活动停止，我们便无法生存。我们自主地进行着这一连续活动，这就是呼吸。我们可以在短时间内停止呼吸，但长时间停止呼吸会导致死亡。在我们睡觉的时候，呼气器官以及其他的器官也一直在工作。空气进入肺部，肺吸入氧气、排出二氧化碳这一过程对我们来说是必要的。"

▶ 吸入气体和呼出气体的成分示例

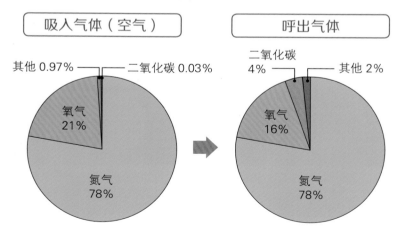

* 在呼出的气体中，各种气体的比例因个体和个体的运动强度不同而有所差别。

* 氧气在空气中的实际含量约为 21%，法拉第在演讲中引用的与氧气含量相关的数据均不准确。

我们吸入的空气经过呼吸器官进入肺部。肺部有超过 3 亿个平均直径约 0.2 毫米的半球状肺泡。所有肺泡的表面积加起来可达 100 平方米。肺泡毛细血管将肺泡包裹起来，在肺泡毛细血管中，氧气与二氧化碳进行交换。通常，成人一次吸入和呼出的气体量均约为 0.5 升。假设一个人每 3 秒呼吸一次，一天就呼吸 28 800 次，一天分别吸入和呼出约 14 400 升气体。

"我们摄取的食物在我们的体内经过消化后，变成了营养物质进入血管，被输送到身体的各个部位。而我们吸入的空气在肺部进行气体交换，氧气进入血管，血管中的二氧化碳随其他气体被呼出。营养物质和氧气在我们的体内被运输时中间隔着一层非常薄的膜。

▶ 呼吸的过程

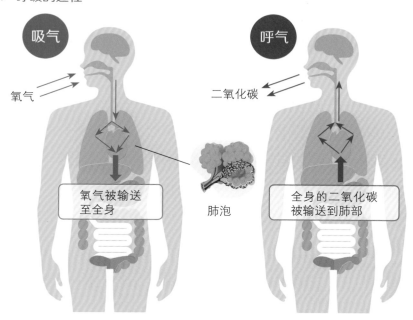

"蜡烛在空气中燃烧，蜡中的碳元素与氧气结合产生二氧化碳，同时产生热量。在我们的肺部也正在发生这种奇妙的反应。进入肺部的氧气与碳元素结合生成二氧化碳，二氧化碳被排出体外。由此可以得出结论——食物相当于我们身体的燃料。"

法拉第以砂糖为例进行讲解："砂糖与蜡一样是含碳元素、水元素和氧元素的物质。虽然二者由相同的元素构成，但元素的比例不同。"

▶ 法拉第展示的组成砂糖的各元素重量

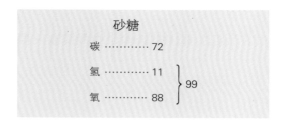

"砂糖（图 6.21）由 72 份碳元素、11 份氢元素、88 份氧元素组成。非常有趣的是，砂糖中的氢元素与氧元素的重量比为1：8，这个比例与水中氢元素与氧元素的重量比相同。因此，也可以说砂糖是由 72 份碳与 99 份水组成的。我们摄入砂糖后，砂糖中的碳元素会与空气中的氧气化合。碳与氧气化合这一纯粹又美丽的反应，不仅可以像蜡烛燃烧那样产生热量，还可以维持我们的生命。"

随后，为了让听众理解得更加透彻，法拉第用砂糖做了一个实验。"将浓硫酸倒在砂糖上，浓硫酸夺走了砂糖中的水，留下的黑色物质就是碳。"（图 6.22 和图 6.23）

图 6.21 白砂糖的主要成分是蔗糖。蔗糖由葡萄糖与果糖组成。蔗糖的分子式为 $C_{12}H_{22}O_{11}$，碳、氢、氧元素的重量比为 42.1∶6.4∶51.5，这与法拉第给出的比值基本一致

图 6.22 将浓硫酸倒在白砂糖上，浓硫酸夺走了白砂糖中的水。这个过程会产生大量的热

　　"如各位所见，碳出现了。这是砂糖和浓硫酸反应产生的物质。各位都知道，砂糖是食物，现在却产生了不能食用的碳颗粒。各位一定想象不到吧。接下来，我们试试把砂糖和浓硫酸反应产生的碳氧化。各位一定会对结果感到吃惊。"

　　说着，法拉第拿出氧化剂。"将氧化剂与碳混合。看，碳开始燃烧了，也就是说碳被氧化了。"砂糖与浓硫酸反应产生的碳开始燃烧。随后，碳转化成二氧化碳跑到了空气中。

　　"在我们的肺部空气中的氧气也会将碳元素氧化[9]，在这里，我用氧化剂加速反应。燃烧和呼吸时发生的碳的化学反应是多么美妙啊！"

图 6.23　浓硫酸可与白砂糖反应生成碳。白砂糖在反应过程中产生热量，还有烟升起

　　9 法拉第的表述不正确，在我们的肺部只存在氧气与血红细胞结合，二氧化碳被排出的过程，而法拉第提到的"氧化"发生在细胞内，是细胞有氧呼吸过程的一个阶段。——编者注

空气的伟大作用

蜡烛燃烧发生的化学反应与我们呼吸时发生的化学反应相同。法拉第继续讲道："在 24 小时里，人的体内约有 200 克碳元素转化成二氧化碳，奶牛的体内约有 2 千克碳元素转化成二氧化碳，而马的体内约有 2.3 千克碳元素转化成二氧化碳，相当于每 24 小时在马的体内便有 2.3 千克的碳燃烧来保持体温。所有恒温动物都是这样通过体内碳元素的转化产生热量保持体温的。

"在空气中，氧气和二氧化碳交换的量大得惊人。在 24 小时里，仅在伦敦就有约 548 吨呼吸产生的二氧化碳。这些二氧化碳被排放到哪里了呢？被排放到空气中了。"

在法拉第举办"蜡烛的科学"讲座时，伦敦是世界上最大的城市之一，人口约 230 万。当时的主要交通工具是蒸汽火车与马车。伦敦二氧化碳的排放量比其他城市高出许多。

"假如碳像我们刚刚看到的铅和铁那样，在燃烧时产生固体，会出现什么情况呢？燃烧将无法持续。事实上，碳燃烧后只产生气体跑到空气中。空气是伟大的气体交通工具与搬运工具，它能将转化成气体的碳运输到距离我们很远的地方。

"对我们有害的二氧化碳，却是地球上的植物在成长过程中不可或缺的营养物质。不仅陆地上有氧气和二氧化碳的交换活动，而且水中也有同样的活动。虽然鱼和其他水生生物不会直接接触空气，但是它们呼吸的原理与陆生生物是一样的。"

法拉第拿出一个装有金鱼的鱼缸。（图 6.24）在日本的江户时代（1603—1868 年）曾流行养金鱼。在 19 世纪的欧洲，金鱼也曾是非常受欢迎的宠物。

"金鱼能吸入溶解在水中的氧气并呼出二氧化碳。碳元素和氧元素在能产生二氧化碳的动物界与能产生氧气的植物界之间不断循环。"随后，法拉第拿出一片叶子和一块木片。"地球上的大多数植物都能吸收二氧化碳。这片叶子靠吸收我们呼出的二氧化碳中的碳元素生长。如果不给植物提供二氧化碳，植物将无法生长。只有在为植物提供其他营养物质的同时也提供二氧化碳，植物才能生机勃勃。这块木片中的碳元素与其他花草树木中的碳元素一样，是从空气中吸收的。

"空气会把二氧化碳搬运到植物中去。对植物而言，二氧化碳是一种必要的、有益的物质。二氧化碳有时会给我们带来疾病，却给植物带去健康。人类不仅彼此依赖，还依赖其他的生物。各种生物制造出来的物质能帮助其他生物生存和生长，这一自然规律将一切生物联系到了一起。"

"蜡烛的科学"讲座即将落下帷幕。

图 6.24　金鱼能吸入氧气并呼出二氧化碳。植物能吸收二氧化碳，释放氧气

在讲座的最后

"在讲座结束之前，还有一个知识点我想要告诉在座的各位。刚才，大家都看到了铅燃烧的过程。铅粉接触空气后立刻开始燃烧，这是化学亲和势所致。在我为各位演示的实验中，所有反应都是因为有化学亲和势才能发生。在我们呼吸时，我们的体内也因为存在化学亲和势而发生物质之间的反应。"

法拉第似乎认为化学亲和势是不同物质反应产生新物质的原因。

"蜡烛燃烧时化学亲和势在起作用，铅燃烧时也一样。铅燃烧产生的物质会紧贴在未燃烧的铅上，使剩下的铅无法继续与氧气反应，因而铅无法继续燃烧。假如铅的燃烧产物能从铅的表面消失，铅就可以一直燃烧直至铅被耗尽。"

碳能一直燃烧到碳被耗尽，而铅没有烧完便会停止燃烧。除此之外，碳与铅开始燃烧的方式也不同。法拉第以在公元79年因维苏威火山大爆发与庞贝一同被埋在地下的赫库兰尼姆遗迹（图6.25）中发掘出来的书籍为例，介绍道："铅接触空气后立刻开始燃烧，但是，碳在接触空气后，无论过了几天、几周、几个月甚至几年都不会发生变化。从赫库兰尼姆发掘出来的书籍是用含碳的墨水写成的，经过近1800年，墨迹虽然一直暴露在空气中，但是没有发生任何变化。

"作为燃料的碳在点燃之前不会燃烧，这一点非常令人惊讶。除了铅，还有许多其他物质一接触空气就立刻开始燃烧，可碳不是这样的。这个性质真是既有趣又出色。"

法拉第再次拿出了日式蜡烛（图6.26）。"蜡烛接触空气后不会立刻燃烧，也不会发生变化，经过几年甚至几百年都不会发生任何变化。"

图6.25　图为公元79年因维苏威火山大爆发而被埋在地下的赫库兰尼姆遗迹。赫库兰尼姆遗迹于1709年被发现，但由于遗迹位置靠近火山且有大量的堆积物，发掘工作一度没有进展

图6.26　直到被点燃的那一刻，蜡烛才开始燃烧

"这里有一些煤气。如各位所见，煤气可以跑出来却不会燃烧。煤气接触空气后，如果没有经过充分加热，就不会燃烧。煤气只有经过充分加热后才会燃烧。不同物质的燃烧条件有所不同，这一点十分有意思。一些物质只需要稍稍加热就能燃烧，而一些物质则要经过充分加热才能燃烧。"

法拉第开始做这场讲座的最后一个实验。他准备了粉末状的黑火药和像白棉花一样的火棉。火棉是由棉花与浓硝酸和浓硫酸的混合溶液反应制成的。黑火药和火棉都是非常易燃的物质。

"这是黑火药与火棉。（图 6.27）二者接触空气后都不会立刻燃烧，必须经过充分加热才会燃烧，但二者燃烧所需的温度不同。接下来，我们用加热过的金属丝接触这两种物质，看看哪种物质先燃烧吧。"

图 6.27　火棉（左）是由棉花与浓硝酸和浓硫酸的混合溶液制成的，它燃烧所需的温度比黑火药（右）低

用加热过的铁丝接触火棉，火棉燃烧起来了。而将加热过的铁丝插进黑火药中，黑火药没有燃烧。黑火药与火棉都靠碳元素燃烧，然而，在相同的温度条件下，火棉开始燃烧，而黑火药没有燃烧。

"这个实验巧妙地表现了物质状态的差异导致物质开始燃烧的温度差异！含碳元素的物质在某种状态下会一直'等到'有足够热量激活反应才会燃烧，但在另一种状态下，例如在呼吸时，无需经过充分加热，含碳元素的物质就能燃烧。

"空气进入肺部，碳元素与氧气立刻化合，即使外面天寒地冻，我们也能通过呼吸迅速产生二氧化碳。一切反应都恰到好处地进行着。相信各位都已经明白了，呼吸与燃烧有着巧妙且惊人的相似之处。"

法拉第通过各种各样的实验向听众证明了世间万物皆与我们紧密相连，蜡烛的燃烧与我们的呼吸也有一定的联系。法拉第在讲座的最后将蜡烛与每一位听众联系起来。

"在讲座的最后，我想将我的愿望传达给各位。希望你们这一代人都能成为像蜡烛一样的人，希望你们都能光荣地履行对他人的义务，希望你们的一切行为都是高尚而有意义的，希望你们都能像蜡烛一样发光发热，照亮周围。"

"蜡烛的科学"讲座归纳总结

在"蜡烛的科学"讲座中出现了各种化学反应以及氢元素、氧元素等化学元素，却没有出现过我们现在常见的化学分子式和化学方程式。虽然当时的人们已经知道水是由氢气与氧气反应产生的，但是水分子由氢原子与氧原子构成的说法才刚刚开始被科学家们所接受。接下来，我们就通过化学方程式来回顾一下讲座中的主要实验与现象吧。

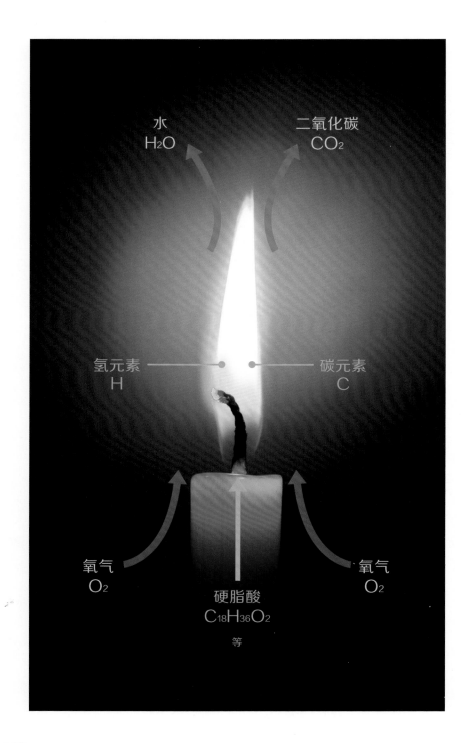

含碳元素和氢元素的物质的燃烧

在讲座中反复出现的蜡烛、木片、棉花中都有碳元素和氢元素。这些物质燃烧产生火焰，生成二氧化碳和水，但是当氧气不足时，碳不充分燃烧会产生一氧化碳。一氧化碳极易与血液中的血红蛋白结合，使血红蛋白无法再与氧气结合，从而导致生物体缺氧，危及生命。

① 碳充分燃烧：$C + O_2 \xrightarrow{点燃} CO_2$

② 碳不充分燃烧：$2C + O_2 \xrightarrow{点燃} 2CO$

③ 氢气的燃烧：$2H_2 + O_2 \xrightarrow{点燃} 2H_2O$

蜡的成分 （第6～9页）

到 18 世纪前后，牛油一直是制作蜡烛的原材料，牛油中有各种脂肪酸。脂肪酸的分子内有长碳链和羧基（—COOH）。牛油中的脂肪酸有硬脂酸、油酸、软脂酸等。

① 硬脂酸 $C_{18}H_{36}O_2$

法国化学家盖-吕萨克等人发明了从牛油中提取硬脂酸制作蜡烛的方法，在法拉第所处的年代，牛油是最常见的蜡烛原料。用牛油直接制成的蜡烛摸起来很黏，滴下来的蜡液很难清理。但是，用硬脂酸制作的蜡烛摸起来不黏，蜡液滴下来后会凝固，只要把凝固的蜡刮掉就可以了。

② 油酸 $C_{18}H_{34}O_2$

　　动物脂肪和橄榄油等植物油都含油酸。

③ 软脂酸 $C_{16}H_{32}O_2$

　　牛油含软脂酸，在日式蜡烛的原料——野漆树的果实中，软脂酸的含量较高。

酒精的燃烧（第24页）

　　实验中常用的酒精就是乙醇（C_2H_5OH）。白兰地等酒的主要成分也是乙醇。乙醇燃烧产生二氧化碳和水。

乙醇的燃烧：$C_2H_5OH+3O_2 \xrightarrow{\text{点燃}} 2CO_2+3H_2O$

铁的燃烧（第41页和第96页）

　　铁（Fe）燃烧时火星四射。

$3Fe+2O_2 \xrightarrow{\text{点燃}} Fe_3O_4$

生石灰与火焰（第48页）

法拉第认为，由于蜡烛燃烧产生了固体的碳，所以，蜡烛的火焰非常明亮。在氢气燃烧的火焰中以及在煤气喷灯的火焰中没有固体在燃烧，所以火焰比较暗。在氢气燃烧的火焰或煤气喷灯的火焰中加入固体的生石灰后，生石灰在高温条件下能发出耀眼的白光，且火焰非常明亮。生石灰是氧化钙（CaO），在这个过程中，氧化钙没有发生任何化学变化。

锌的燃烧（第49页）

锌（Zn）燃烧产生蓝白色火焰，冒出白烟（ZnO）。

$$2Zn+O_2 \xrightarrow{\text{点燃}} 2ZnO$$

水与钾的反应（第56页、第71页和第98页）

钾（K）极易与氧气发生反应。在钾与水的反应过程中，钾从水分子中夺走氧原子，使氢原子从水分子中分离出来，生成氢气。

$$2K+2H_2O = 2KOH+H_2\uparrow$$

铁与水的反应（第71页和第74页）

铁与水缓慢反应生成红色铁锈（Fe_2O_3），铁与水蒸气在高温条件下反应生成黑色铁锈（Fe_3O_4）。

① 铁与水中溶解的氧缓慢反应：

$$4Fe+3O_2 \rule[0.5ex]{1.5em}{0.4pt} 2Fe_2O_3$$

② 铁与水蒸气在高温条件下反应：

$$3Fe+4H_2O(g) \xrightarrow{高温} Fe_3O_4+4H_2$$

氢气的燃烧（第76页和第81页）

点燃纯净的氢气，氢气安静地燃烧（或发出轻微爆鸣声）。

$$2H_2+O_2 \xrightarrow{点燃} 2H_2O$$

锌与酸的反应（第79页和第81页）

锌能与稀硫酸（H_2SO_4）或盐酸（HCl）反应产生氢气。

① 锌与稀硫酸反应：$Zn+H_2SO_4 \rule[0.5ex]{1.5em}{0.4pt} ZnSO_4+H_2\uparrow$

② 锌与盐酸反应：$Zn+2HCl \rule[0.5ex]{1.5em}{0.4pt} ZnCl_2+H_2\uparrow$

铜在硝酸中溶解（第88页）

铜（Cu）与硝酸（HNO_3）反应生成硝酸铜（$Cu(NO_3)_2$），二价铜离子（Cu^{2+}）使溶液呈蓝色。铜与浓硝酸反应会产生红棕色的二氧化氮（NO_2），铜与稀硝酸反应则会产生无色透明的一氧化氮（NO）。一氧化氮与空气中的氧气反应生成二氧化氮。

① 铜与浓硝酸反应：

$Cu+4HNO_3(浓)== Cu(NO_3)_2+2NO_2\uparrow+2H_2O$

② 铜与稀硝酸反应：

$3Cu+8HNO_3== 3Cu(NO_3)_2+2NO\uparrow+4H_2O$

镀铜的实验（第90页）

铜离子在阴极得到电子后变成铜，水在阳极被分解后产生氧气。（连接电池正极的金属板被称为阳极，连接电池负极的金属板被称为阴极。）

① 阴极：$Cu^{2+}+2e^-== Cu$

② 阳极：$4OH^--4e^-== 2H_2O+O_2$

阴极　　阳极

水的电解（第92页）

电解水时，在阴极生成氢气，在阳极生成氧气。从体积上看，氢气是氧气的 2 倍。

① 阴极：$2H^++2e^-== H_2$

② 阳极：$2H_2O-4e^-== O_2+4H^+$

③ 整体：$2H_2O \overset{通电}{==} 2H_2\uparrow+O_2\uparrow$

二氧化锰与氯酸钾的反应（第94页）

　　法拉第用二氧化锰（MnO_2）与氯酸钾（$KClO_3$）制取氧气。现在我们常用二氧化锰与过氧化氢（H_2O_2）溶液制取氧气。二氧化锰在两个反应中都作为催化剂，本身并不参与反应。

---

① 氯酸钾制取氧气：$2KClO_3 \xrightarrow[\triangle]{MnO_2} 2KCl + 3O_2 \uparrow$

② 过氧化氢溶液制取氧气：

$2H_2O_2 \xrightarrow{MnO_2} 2H_2O + O_2 \uparrow$

一氧化氮与氧气的反应（第100页）

　　一氧化氮非常容易与氧气反应生成二氧化氮。一氧化氮不溶于水，但二氧化氮易溶于水。

---

① 一氧化氮与氧气反应：$2NO + O_2 == 2NO_2$

② 二氧化氮溶于水：$3NO_2 + H_2O == 2HNO_3 + NO$

石灰水的制作（第116页）

　　将生石灰倒进水中制成石灰水（氢氧化钙溶液）。氢氧化钙（$Ca(OH)_2$）是强碱，不要让溶液溅到手上或眼睛里。

$CaO + H_2O == Ca(OH)_2$

石灰水与二氧化碳的反应（第 116 页和第 144 页）

二氧化碳通入澄清石灰水，澄清石灰水变浑浊了，并产生白色沉淀碳酸钙（$CaCO_3$）。贝壳的主要成分就是碳酸钙。

$$Ca(OH)_2 + CO_2 \stackrel{}{=\!=\!=} CaCO_3 \downarrow + H_2O$$

大理石与盐酸的反应（第 118 页）

大理石的主要成分是碳酸钙。将大理石放入盐酸后，生成了二氧化碳，且大理石逐渐溶解。另外，大理石还能与食醋发生反应，因此，装修厨房时尽量不要使用大理石。

$$CaCO_3 + 2HCl \stackrel{}{=\!=\!=} CaCl_2 + H_2O + CO_2 \uparrow$$

碳的燃烧（第 132 页）

碳燃烧使用的氧气与碳燃烧产生的二氧化碳的体积相等。

$$C + O_2 \stackrel{点燃}{=\!=\!=} CO_2$$

磷的燃烧（第135页）

磷（P）有许多不同形态的晶体单质。四面体结构的白磷（P_4）容易自燃。

$$P_4 + 5O_2 \xrightarrow{\text{点燃}} 2P_2O_5$$

铅的燃烧（第138页）

铅（Pb）是一种柔软的金属。铅燃烧生成的氧化铅（PbO）是黄色粉末。在古代，氧化铅被人们当作颜料。

$$2Pb + O_2 \xrightarrow{\text{点燃}} 2PbO$$

呼吸（第146页）

在以人类为代表的哺乳类动物体内，红细胞中的血红蛋白可以搬运氧气与二氧化碳。血红蛋白与氧气在肺部结合，二氧化碳经肺部压缩被排出体外。在细胞有氧呼吸的过程中，葡萄糖（$C_6H_{12}O_6$）与氧气在细胞内反应产生能量，部分能量储存在三磷酸腺苷（ATP）中。与此同时，该反应还产生二氧化碳与水。

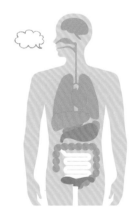

$$C_6H_{12}O_6 + 6O_2 \xrightarrow{\text{酶}} 6CO_2 + 6H_2O + \text{能量}$$

砂糖与硫酸的反应（第148页）

将浓硫酸倒在砂糖（$C_{12}H_{22}O_{11}$）上会发生脱水反应。浓硫酸使砂糖脱水的同时会产生大量的热，大量的热使液态水汽化。因此，黑色物质（碳）仿佛冒出了浓烟。

$$C_{12}H_{22}O_{11} \xrightarrow{H_2SO_4（浓）} 12C + 11H_2O$$

光合作用（第153页）

植物的叶绿体能利用光能将二氧化碳和水转化成氧气和有机物，这一过程被称为光合作用。植物本身呼吸需要氧气。但是在有光的白天，光合作用产生的氧气的量远远多于其呼吸消耗的氧气的量。植物在夜间无法进行光合作用，只会消耗氧气。

$$6CO_2 + 12H_2O \xrightarrow[\text{叶绿体}]{\text{光能}} C_6H_{12}O_6 + 6H_2O + 6O_2$$

后　记

　　《蜡烛的故事》记录了 1860–1861 年迈克尔·法拉第在面向青少年的圣诞讲座中演讲的内容。圣诞讲座共 6 场，主题是"蜡烛的科学"。法拉第通过做实验向听众介绍了蜡烛燃烧时发生的化学反应和产生的物理现象等。那时，著名的物理学家威廉·克鲁克斯还是一本科学杂志的编辑，他在征得了法拉第的同意后，将其讲座内容记录下来，并出版成书。

　　这部著作被翻译成多种语言，在青少年的科学教育方面发挥了巨大的作用。该著作的日语版是在 1933 年（昭和 8 年）由矢岛祐利翻译并由岩波文库出版发行，后来又有多个日语译本。

　　这本著作堪称世界名著，我在学生时代时曾数次尝试看完这本书，但一直没能做到。打个比方，这部著作就像特别硬的鱿鱼干，在放到口中之前闻起来特别香，让人特别有食欲，可它吃起来太费劲了，需要不停地咀嚼。然而，这块特别硬的鱿鱼干在被咀嚼的过程中会逐渐变软，滋味也越发丰富。在品尝到这本著作真正"味道"之前便放弃的人，都有自己的理由。

　　理由大致有两个。一个理由是这本著作涉及的物品是蜡烛。"蜡烛的科学"讲座自 1860 年的圣诞节开始一直持续到第二年，共有 6 场。当时，蜡烛是家家户户必备的照明用品，为人们所熟悉。而如今，我们使用蜡烛的机会十分有限。蜡烛顶多被用来插在生日蛋糕上。甚至曾经属于防灾救急包必备品的蜡烛与火柴套装，如今也因可能引发火灾而被危险性更低且照明时间更长的 LED 手电筒替代。另一个理由是在现场听讲座和观看实验的感觉与阅读图书的感觉很不同。法拉第在讲座的过程中演示了许多实验，向听众展示了各种蜡烛、实验工具等物品。虽然在《蜡烛的故事》中有几张插图，但是作为讲座记录，仅凭文字实在难以让读者充分理解讲座的内容。出版了这本著作的克鲁克斯本人也注意到了这一点，于是他在之后的修订版中加了大量的插图。除此之外，日语译本中还增加了许多译者的注释和说明。

为了帮助大家更加深入地理解法拉第在讲座中给青少年们演示的实验，本书在翻译原著重要章节的基础之上，还从原著中选取了一些可以在家中或在学校里做的实验，并详细介绍了实验用品、实验步骤和注意事项等内容。由于许多实验都会用到火，请各位读者一定要在保证自身安全的前提下去做法拉第在大约 160 年前为青少年演示的实验。

白川英树

2018 年 11 月

参 考 书 目

Michael Faraday, *A Course of Six Lectures on the Chemical History of a Candle*, Charles Griffin and Co., 1865
（レッド版）
　＊*The Chemical History of a Candle* とよく略されるため、本文中ではそのように記載しています。

ファラデー著、三石 巌訳『ロウソクの科学 』(角川文庫、2012年)

ファラデー著、竹内敬人訳『ロウソクの科学 』(岩波文庫、2010年)

マイケル・ファラデー著、白井俊明訳『ろうそく物語 』(法政大学出版局、2005年新装版)

William S Hammack/Donald J DeCoste, *Michael Faraday's the Chemical History of a Candle: With Guides to Lectures, Teaching Guides & Student Activities*, Articulate Noise Books, 2016

ファラデー原作、平野累次/冒険企画局文、上地優歩絵『ロウソクの科学 世界一の先生が教える超おもしろい理科 』(角川つばさ文庫、2017年)

P.W.Atkins著、玉虫伶太訳『新ロウソクの科学―化学変化はどのようにおこるか― 』(東京化学同人、1994年)

オーウェン・ギンガリッチ編集代表、コリン・A・ラッセル著、須田康子訳『マイケル・ファラデー「オックスフォード科学の肖像」 』(大月書店、2007年)

J. M. トーマス著、千原秀昭/黒田玲子訳『マイケル・ファラデー――天才科学者の軌跡 』(東京化学同人、1994年)

小山慶太著『ファラデーが生きたイギリス 』(日本評論社、1993年)

白川英樹著『私の歩んだ道　ノーベル化学賞の発想 』(朝日新聞出版、2001年)

白川英樹著『化学に魅せられて 』(岩波新書、2001年)

数研出版編集部編『視覚でとらえるフォトサイエンス 化学図録 』(数研出版、2003年)

参 考 論 文

木原壮林「実験の天才ファラデーの日誌 」(*Review of Polarography*, Vol.59, No.2, 2013)

致谢

在我创作这本书的过程中，筑波大学的木岛正志老师等朋友为我提供了帮助，如提出实验建议、提供实验工具和实验地点等。在此，我衷心地感谢九尾文昭老师、长谷村祐子、斋藤萌、轻边凌太、田渊红太朗、三浦贵也、山田晶子和吉武真。

此外，我还要感谢从本书的策划、摄影到编辑全面协助我的 SB Creative 出版社的田上理香子，既帮忙拍摄又协助我做实验的摄影师富乐和也，以及将本书设计得非常漂亮的 GOBO 设计事务所的永濑优子。

最后，感谢在百忙之中抽出时间审订本书的筑波大学名誉教授白川英树先生。白川教授为了培养下一代，一直孜孜不倦地进行科学教学活动，在我眼中，他的身影与法拉第的身影重合在了一起。非常有幸能邀请白川英树教授审订这本书，再一次感谢他！

尾岛好美

2018 年 11 月

著作权合同登记号 图字：01-2021-0986

图书在版编目（CIP）数据

蜡烛的科学 /（英）迈克尔·法拉第 ，（英）威廉·克鲁克斯著；（日）尾岛好美
改编；汪婷译．—北京：北京科学技术出版社，2021.6（2024.5重印）
　　ISBN 978-7-5714-1466-5

Ⅰ．①蜡⋯　Ⅱ．①迈⋯ ②威⋯ ③尾⋯ ④汪⋯　Ⅲ．①蜡烛 - 少儿读物
Ⅳ．① TQ55-49

中国版本图书馆 CIP 数据核字 (2021) 第 044832 号

策划编辑：张心然　石　婧	电　　话：0086-10-66135495（总编室）
营销编辑：王　梓	0086-10-66113227（发行部）
责任编辑：刘娅婷	网　　址：www.bkydw.cn
封面设计：杨海霞	印　　刷：北京尚唐印刷包装有限公司
图文制作：天露霖文化	开　　本：720 mm×1000 mm　1/16
责任印制：吕　越	字　　数：124 千字
出 版 人：曾庆宇	印　　张：11.5
出版发行：北京科学技术出版社	版　　次：2021 年 6 月第 1 版
社　　址：北京西直门南大街 16 号	印　　次：2024 年 5 月第 4 次印刷
邮政编码：100035	
ISBN 978-7-5714-1466-5	

定　　价：69.00 元